儿童沟通心理学

(完全图解版)

李萍◎著

中国纺织出版社有限公司

内 容 提 要

父母是孩子的启蒙导师，是孩子人生的引路人。父母只有了解孩子的心理特征、内心需求，才能找到适合与孩子沟通的方法，才能使亲子沟通变得顺畅无阻。

本书从心理学的角度出发，为广大家长提供了一套与孩子沟通的指导方法。相信通过阅读本书，家长们一定能够走进孩子的心里，获得孩子的信任和尊重，进而指导孩子健康成长。

图书在版编目（CIP）数据

儿童沟通心理学：完全图解版 / 李萍著. --北京：中国纺织出版社有限公司，2021.4
ISBN 978-7-5180-7465-5

Ⅰ.①儿… Ⅱ.①李… Ⅲ.①儿童心理学 Ⅳ.①B844.1

中国版本图书馆CIP数据核字（2020）第085241号

责任编辑：江 飞　　责任校对：高 涵　　责任印制：储志伟

中国纺织出版社有限公司出版发行
地址：北京市朝阳区百子湾东里A407号楼　邮政编码：100124
销售电话：010—67004422　传真：010—87155801
http://www.c-textilep.com
中国纺织出版社天猫旗舰店
官方微博http://weibo.com/2119887771
三河市延风印装有限公司印刷　各地新华书店经销
2021年4月第1版第1次印刷
开本：880×1230　1/32　印张：6
字数：101千字　定价：39.80元

凡购本书，如有缺页、倒页、脱页，由本社图书营销中心调换

前 言

教育心理学家认为,对于不同年龄阶段的孩子,教育方式是不同的,因为随着年龄的增长,他们的身体和心理都会发生变化,需要父母用不同的方法指引他们成长。而对于12岁以前的儿童来说,如果没教育好,孩子青春期的教育就会成为大难题。12岁是一个临界点,12岁以前对孩子采取正确的教育方法就是为孩子的将来奠定了扎实的基础。于是,不少家长有这样的疑问:儿童应该怎么教育呢?

一些父母以为大声呵斥就能让孩子听话,不知这些父母是否想过:你们要求孩子听话和了解你们的意思,但你们有没有了解过孩子的想法?要了解这些信息,父母首先要认识到沟通的重要性。

沟通,要求父母先向孩子敞开心扉,要让孩子了解你心里的想法,同时也要倾听孩子内心的声音,只有互相了解和沟通,才能知道孩子心里到底在想什么,"对症下药"才能成为孩子成长路上合格的引导师,帮助孩子健康成长。

那么,什么样的沟通才是有效的?在考虑这一问题之前,我们不妨先反思一下:您是否发现,孩子越来越不愿意和您交流?您是否过于唠叨?您与孩子的话题是否永远都是学习、听话？您是不是经常暗示孩子一定要考上大学？之所以要求家长反思，是因为孩子在长大，或多或少会表现出逆反心理，家长越是要求他们，他们越不听。最好的做法是改变家长的做法，打开与孩子的交流之门，缩短与孩子的心灵距离。

或许我们会认为，孩子是无忧无虑的，但孩子的成长是一个复杂的过程，他们不但有快乐，还有烦恼，他们不但要面临各种学习压力，还要面临来自社会的各种诱惑，也会出现各种心理问题。作为父母，如果我们不了解他们的成长困惑，不掌握一些打开孩子心门的方法，那么，我们便很容易陷入"孩子冲动叛逆，父母气急败坏"的教育困境。因此，了解孩子的心理极其重要。

作为家长，如果我们不了解孩子的内心，则无法与孩子正常沟通。我们不能否认，面对孩子的一些错误行为，很多家长一直沿袭传统的教育方式——打压式，并和孩子斗气，企图遏制孩子的错误行为和观念，然而，这种方式多半是无效甚至是会适得其反的。因为如果家长总是运用严厉的方式，或者苦口婆心地劝说，久而久之，孩子一定不会再吃你这一套，他们只会对家长的管教感到厌烦，除了躲着我们，他们还能怎样？我们不得不承认，现在许多孩子身上出现的毛病，诸如顶撞父母、撒谎、自私等，都是父母简单粗暴的教育方式造成的。如果我们不能摆正心态、心平气和地与孩子沟通，孩子势必也会气急败坏，最终，我们的教育目的不但没有达到，反而激化了

亲子间的矛盾，孩子自然也不愿意与父母沟通了。

总之，家庭教育这门学问并不简单，与孩子沟通更不简单，需要认真对待。如果家长能从沟通心理学的角度出发，学会和孩子融洽相处，孩子一定会顺利、健康、快乐地成长。

作者

2020年8月

目录

第1章　家庭教育的核心在沟通，有沟通才有和谐的亲子关系 _001

缺乏沟通，是一切教育问题的根源 _003

你了解家庭冷暴力对孩子的危害吗 _007

偏见会导致亲子关系紧张 _010

一定要给孩子解释的机会 _013

第2章　高效的亲子沟通，开口前要先读懂孩子的心理 _017

与孩子沟通，从消除"代沟"开始 _019

与时俱进，了解你的孩子在想什么 _024

孩子为什么任性，你了解吗 _027

孩子为什么要顶撞父母 _030

了解你的孩子为什么抗拒学习 _033

第3章　高效的亲子沟通，首先应有合适的沟通方法 _037

认真倾听，是有效沟通的开始 _039

试着与孩子进行非语言沟通 _043

与孩子的好朋友保持沟通 _046

换个沟通方式，孩子最烦父母的唠叨 _050

与孩子沟通别只关心学习 _056

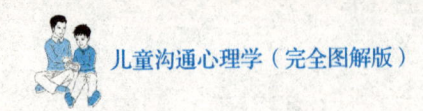

第4章　情感式沟通：用心交流，孩子才愿意信任你_061

不要因为忙碌，而忽略对孩子的关注 _063

信任孩子，孩子才愿意敞开心扉 _066

父母错了也要勇敢向孩子道歉 _068

闲谈式的情感交流，营造轻松的沟通氛围 _069

第5章　孩子需要尊重：平等对话，帮助孩子建立自信_073

尊重孩子的隐私是保护孩子自尊心的开始 _075

孩子的自尊心该怎样维护 _079

自尊才能自信，父母必须维护孩子的尊严 _082

让孩子参与家庭讨论 _084

别把孩子当成你的傀儡和附属品 _087

第6章　孩子需要理解：换位思考，培养孩子好的性格和价值取向_091

孩子的任何行为，都要辩证看待 _093

谁都不喜欢被比较，孩子也一样 _096

讲讲自己的心里话，让孩子理解父母的苦心 _099

爱玩是孩子的天性，孩子要玩着学 _102

用自己的经历激发孩子的沟通兴致 _105

第7章　孩子需要引导：变强制为引导，让孩子远离逆反心理_109

多听少说，了解孩子内心的真实感受 _111

帮助孩子消除紧张和不安 _114

巧用幽默，让家庭教育更容易 _116

把孩子的错误变成锻炼他的一次机会 _120

第8章　孩子需要建议而非命令：培养孩子的思维力和判断力 _121

真正平等的沟通，是建议而非命令 _123

给孩子发表自己意见的机会 _126

允许孩子有一定的自由，不要过度干涉 _129

让孩子学会为自己"做主" _132

引导孩子自己思考、选择和决定 _135

第9章　孩子需要批评也需要赞扬：孩子的自信来源于父母的鼓励_139

赏识教育，孩子需要你的赏识 _141

多给孩子以积极的心理暗示 _144

适度批评，不可伤害孩子自尊 _147

失败很正常，万不可用批评打压孩子 _150

别当着外人的面宣扬孩子的过错 _153

第10章　强化沟通能力，依据心理学效应架起与孩子沟通的桥梁_157

习得性无助：学习上自卑的孩子需要你的帮助 _159

手表定律：与孩子沟通，父母要保持一致的态度 _162

鼓励效应：孩子的自信来源于父母的鼓励 _164

代偿心理：不要把孩子当成实现自己理想的工具 _166

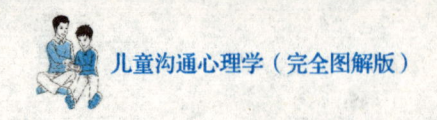

第11章　面对特殊问题，父母如何跟孩子沟通 _169

父母离异，孩子怎么办 _171

孩子为什么会离家出走 _174

抽烟，父母怎么与之沟通 _177

参考文献 _181

第1章

家庭教育的核心在沟通，有沟通才有和谐的亲子关系

每个家长都望子成龙、望女成凤，孩子处于儿童阶段时，家庭教育就显得尤为重要，因为这是孩子性格、心理、品质等形成的重要时期。但在教育孩子的问题上，一些父母显得过于焦躁，孩子一旦出现什么问题，就乱了方寸，总是大声呵斥想让孩子听话，不知这些父母是否想过：你们要求孩子听话和了解你们的意思，但你们有没有了解过孩子的想法？你们是否与孩子进行过良好的沟通？缺乏沟通，是一切教育问题的根源。沟通，要求父母主动将自己的内心世界向孩子敞开，同时多倾听孩子的心声，并掌握一些心理学技巧。这样，才能了解孩子的所思所想，而后"对症下药"，给予适当的引导，使孩子健康成长。

你的成绩怎么这么差，
给爸爸妈妈丢人。
家庭教育的核心是沟通
女儿最近学习有什么困难吗？
班上刚换了一
个班主任……
闺女真棒！
这次有进步！
我觉得我还能进步。

缺乏沟通，是一切教育问题的根源

现代家庭，代际沟通似乎越来越困难，很多父母感叹："现在的孩子真是不像话，小时候还好，大点儿之后自己的主意一下子多了起来，好好地同他讲道理，他却不以为然，道理比你还多，有时还把父母的话看成没有意义的唠叨，总之一个字——烦！他嫌我们烦，我们因他的烦而烦，一天话也说不上几句了。"

问题在哪里？是孩子的问题，是父母的问题，还是沟通方法的问题？也许孩子不是一点问题没有，但更多的问题可能出在父母身上。作为父母，你是否曾与孩子倾心长谈一次呢？在孩子还在襁褓中的时候，你一般会用故事、音乐、聊天的方式来哄他入睡，等他变成儿童了，你是否还会抽出时间与他交流呢？如果在孩子入睡前我们能坐下来和孩子一起清理一天的"垃圾"，不让忧愁过夜，这是不是一种积极的生活态度呢？一位教育家说过："父母教育孩子的最基本的形式，就是与孩子谈话。我深信世界上好的教育，是在和父母的谈话中不知不觉地获得的。"如何进行有效的沟通，是我们需要学习与探讨的。

陈先生几年前和妻子离婚后，便独自带着孩子。一次，他在自己的一篇日记中记下了和儿子沟通的过程：

今天我又和儿子谈了很多，自从孩子上小学后，我深感和孩子沟通困难，他似乎总是对我存在偏见。但经过这些天的沟通，他似乎理解我了，我也更深刻地明白了，和孩子沟通真的需要寻找最好的时机。以前，我和儿子聊天，儿子总是一副不耐烦的样子，我还感叹和他的沟通怎么这么难。现在才明白，原来是我选的时机不对。就像这一次，一开始，我是在客厅和他谈的，他正在看电视，就不可能太注意我的谈话，能搭几句就不错了。等到我们一起包饺子的时候，很安静，也没有别的事打扰，儿子就和我聊了很多，这是以前从未有过的现象。

而儿子的有些事也是我从来都不知道的，包括以前老师对他做的一些事。他还告诉我，他要是考不上很好的大学，就出去干点什么。这是他从来没告诉过我的，也是他对自己的将来做的打算。我非常认真地告诉他，我会完全支持他做的决定，不过，现代社会，只有知识才是永恒的竞争力，书是要读的。他好像听懂了，连连点头。

和儿子聊了很多很多，我对儿子有了更深的了解。我也更有信心，儿子是非常优秀的，在许多事上虽然想得不全面，却有自己的见解。我领悟到，只要坚持和儿子沟通，我和儿子之间的关系会越来越好，孩子的身心也会更加健康。

在我们的生活中，不少父母并不能像陈先生一样懂得反思家庭教育，也是因为如此，才造成了父母和儿童之间沟通的困难。

对此，儿童心理学专家建议：

1.找对谈话的时机

选择好的时机进行谈话是非常重要的，否则谈话达不到预期的目的。一般情况下，解决问题越早越好，如果事情拖延下去，问题就会沉淀。

另外，从时间上来说，如果你需要和孩子交流一个严肃的话题，不要选择孩子放学回家刚放下书包的那段时间，因为一天下来的疲劳会使人难以集中注意力，也不好控制自己的情绪。生理规律告诉我们，下午5~7点是生理活动最低点，迫切需要补充营养，恢复体力。而晚饭过后，心情逐渐开朗，这是与孩子分享家庭幸福、进行沟通的比较好的时机。

从心理需求上来说，在孩子心理上最需要帮助和鼓励的时候与孩子沟通，效果会好很多。

2.选择一个合适的沟通场所

有些父母认为，和孩子说话，当然是选择家里了，其实不一定，如果家中无外人则可，但如若有外人在场，则应考虑孩子的自尊心和感受。

那么，什么场所适合和孩子谈话呢？这视具体情况而定。如果你是要鼓励和赞扬孩子，可以选择人多的场合，让大家都看到孩子的成绩，但如果你的孩子容易骄傲的话，则不宜选在人多的场合；如果涉及隐私问题，或者是要指出孩子的失误、缺点或者批评孩子的话，则应该在私下里进行，选择没有别人在的场所。因为无第三者的环境更容易减少或打消其惶恐心理或戒备心理，从而有利于谈话的进行。这样还可以避免伤害孩子的自尊心，利于孩子说出心里话，加强你和孩子之间的沟通。

另外，如果你需要和孩子静心交流，则应该选择一个平和安静、风景美丽的地方，因为这样的地方可以让彼此心平气和，情绪稳定，心情舒畅，易于接受对方的意见。例如利用周末或假期，带孩子到公园或风景游览区，一边游玩，一边说说悄悄话，这样的沟通和交流一定会起到很好的效果。

3.每次只谈一个话题

有些父母认为，和孩子说话，机会难得，一定要多沟通。孩子虽然已经有了自我意识，但他们毕竟还是孩子，在同一时间内未必能接受父母的很多观点。另外，与孩子谈得太多，也容易引起他们的反感。

总之，父母和孩子沟通，一定要选择恰当的谈话时机和环境，这有助于给沟通创造一个良好的谈话氛围，心平气和地解决教育问题。同时，父母应记住，即使再忙，也要每天抽出一点时间来和孩子进行沟通！

你了解家庭冷暴力对孩子的危害吗

小翔是个优秀的男孩，很听父母的话，在学习、人缘方面都很好，且一直是"三好学生"称号的获得者。但是最近几天，小翔的爸爸却发现小翔每次放学都不按时回家，有很多次甚至天黑透了才回家。

爸爸十分生气，觉得自己再不管，小翔就要学坏了，于是他不管三七二十一就把小翔狠狠地批评了一顿，事后也没有给小翔解释的机会。过了几天，小翔在茶几上写作业，爸爸正在看报纸，突然电话铃响了，是小翔的老师。老师跟小翔的爸爸说，他们搞了一个课外辅导班，成绩好的学生在课后辅导成绩差一点的学生，以尽快地帮他们提高成绩，小翔最近几天之所以回来那么晚不是贪玩，而是在帮助同学。看到爸爸放下电话，听到老师和爸爸谈话内容的小翔很开心地跟爸爸说："爸爸，我没有去玩儿，我是在帮助同学。"小翔原本以为爸爸会向自己道歉，但是没想到爸爸说："就你还去帮助别人，你还是得了第一名再去帮助其他的同学吧。"

小翔因为爸爸的冷嘲热讽变得郁郁寡欢，每当他想要帮助同学的时候爸爸冷嘲热讽的话就会在脑海中回响起来。后来，他再也不敢帮助同学了，和同学的关系也开始疏远了。而且小翔从听到爸爸说"你还是得了第一名再去帮助其他的同学吧"这句话的时候就觉得爸爸对他不满意。他的心理压力特别大，

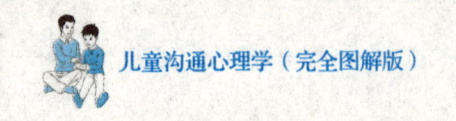

成绩也受到了影响，和爸爸的关系也越来越僵。

随着社会的进步，人们的生活水平不断提高，但人与人之间的交流却少了，在我们心灵的港湾——家中同样也是如此，冷暴力越来越多地出现在家庭中。所谓冷暴力，是暴力的一种，它的表现形式为冷淡、轻视、放任、疏远和漠不关心。导致他人精神上和心理上受到侵犯与伤害。

儿童心理学家指出，有些父母总是用自己的想法来要求孩子，孩子一旦达不到自己的要求便对孩子冷眼相向，不理不睬。孩子犯错时从来不会给孩子温和的言语和笑脸。受到父母的影响，孩子在与人交流的时候也不会太友好。很多孩子认为家长对待自己的方式也会是别人对待自己的方式，所以他们会渐渐地疏远所有的人，把自己孤立起来。

虽然父母做的每个决定都是为了孩子好，他们无意去伤害自己的孩子，但是有的时候有些决定的后果却不是父母能预料得到的。孩子毕竟是孩子，儿童的认知分辨能力有限，面对冷暴力，孩子未必能理解父母的良苦用心，他们只会被伤害得更深，从而影响亲子之间的交流。

父母想要更好地教育孩子就要及时地跟孩子沟通，了解他们心中所想，并且主动摒弃冷暴力。父母只有和孩子建立了良好的沟通渠道，才能更好地引导孩子。而且父母在向孩子提出更高的要求时一定要讲究方法，要比以往更有耐心，不要对孩子使用冷暴力，否则孩子不仅不能达到父母更高的要求，而且还可能导致自我封闭。

父母们，你们在使用冷暴力教育孩子的时候，了解孩子的无奈和痛苦吗？

1.冷暴力会影响孩子的性格发展

冷暴力会让孩子变得冷漠、孤僻，他们不愿意与人交流、玩耍，不愿意与人合作，表现得自卑，严重的可产生自闭症。

如果孩子所处的家庭冷暴力很严重，那么，久而久之，孩子内心就会变得越来越冷漠，心理防线很强，不愿意与人分享自己的事情，对待别人的事情也漠不关心，这就是孤僻。孤僻的孩子是无法融入集体的，未来也是无法融入社会的，这样的人不可能有很好的发展。

2.冷暴力会扭曲孩子的心灵

如果孩子长期处于冷暴力的生活环境中，久而久之，你会发现，你的孩子变得敏感，不轻易信任他人，外表冷漠，内心自卑又缺乏安全感，生活自闭，这对于孩子的成长是极其危险的。

3.冷暴力会影响孩子未来的婚姻家庭生活

如果孩子从小就生活在一个冷暴力的家庭里，那么，当他们组建家庭时，就会把自己的一些负面情绪带到感情生活和婚姻里去，尤其是在争吵的时候，他也会采用冷暴力的方式去解决问题，他们的孩子也会因此受到影响，这就是恶性循环。

总之，父母教育孩子的方法一定要得宜，如果父母总是对

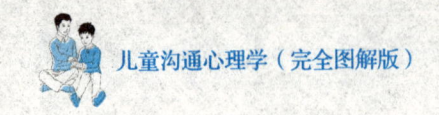

孩子使用冷暴力，那么孩子就会不愿意把自己内心的想法告知父母。这样做不仅影响孩子和父母之间的关系，还会让孩子患上自闭症之类的精神疾病，这一定是广大父母不想看见的。

偏见会导致亲子关系紧张

牛牛是一名四年级学生，他学习成绩一直不好，爸爸妈妈也曾为他找过补习老师，但没什么成效，后来，他们也就放弃了。牛牛一直有个爱好，那就是观察小动物，他最喜欢的就是猫，一有时间，他就拿手机拍很多猫的照片，还上网查了很多关于猫的资料。

一次，在全市的作文竞赛上，牛牛凭借一篇关于猫的作文获得了一等奖。在颁奖大会上，牛牛的爸爸被请到了现场。当牛牛捧着奖杯回到观众席上的时候，他原以为爸爸会夸赞自己一番，没想到爸爸却说："高兴什么？你以为我不知道你是抄袭的？"牛牛的心凉了半截。

从那以后，牛牛连唯一的乐趣——观察小动物都没有了，而且他不大愿意和爸爸说话，一看到爸爸就躲得远远的。

为什么会这样呢？究其原因是牛牛的爸爸对牛牛心存偏见。实际上，在家庭教育中，许多父母都会犯类似错误。在父母眼里，孩子有改不完的错。父母总看不到孩子身上的点滴进步。这种心理往往造成父母评价孩子时过于消极，从而造成亲子关系的紧张，让孩子产生逆反心理。而父母之所以对孩子心存偏见，也是因为父母没有主动与孩子沟通、了解孩子心中所想，而亲子关系的紧张，也增加了亲子之间沟通的难度。

那么，在家庭教育中，我们怎样才能避免对孩子心存偏见呢？

1.要用发展的眼光看待孩子，赞扬孩子的进步

古语有云："士别三日，刮目相看。"任何人、任何事都不是一成不变的，孩子也是在不断进步的，而且孩子对于父母对自己的态度是很在意的，假如你的孩子进步了，一定要赞扬他，而不要用老眼光来看待他。

玲玲和洋洋是很好的朋友。这天，洋洋来玲玲家玩，玲玲妈妈就留洋洋在家里吃饭。吃饭期间，自然提到了学习成绩问题。洋洋说自己这次考试又是满分。

一听到洋洋这么说，玲玲妈妈就开始数落玲玲了："你就不能和洋洋学学？你的成绩总是那么糟？上次月考竟然有一门不及格，去年还是倒数第十名，像你这样上课注意力不集中，不专心听讲，又不求上进，怎么能取得好成绩？回房间去好好想想，我不想看到你这个样子。"

虽然不是第一次遭妈妈训斥，可玲玲觉得好没面子。

其实，很多孩子都有过玲玲这样的经历。一些父母根本看不到孩子的进步，总是拿孩子的缺点说事，并且，还当着其他

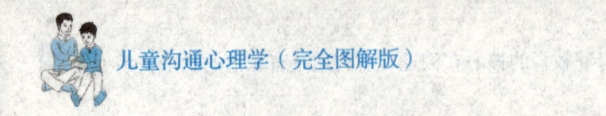

人的面，这让孩子的自尊心受到严重的伤害。

而明智的父母则不是如此，他们会看到孩子身上的点滴进步，在孩子有任何一点进步时，他们都会夸奖孩子，让孩子感受到父母对自己的爱和关注。

父母在教育孩子时，要让孩子明白一点，无论他的成绩如何，只要他努力了，就是好孩子。

事实上，孩子对于自己的进步是非常敏感的，而且最希望得到父母的认同，如果父母总是刻板地看待孩子，那么，时间一长，得不到认同的孩子便不再愿意向你敞开心扉了。如果父母能够及时发现孩子的进步并进行表扬，孩子的心灵就如同得到阳光的沐浴，进而把父母当成最好的朋友，亲子关系也因此更融洽，而融洽的亲子关系是家庭教育最基础的保证。

2.要全方位地看待孩子

有时候，我们对孩子产生刻板印象，是因为我们只看到了孩子的某个方面或者某些方面，而没有全方位地了解孩子。也许你的孩子虽然学习成绩不好，但他的人缘却很好，别人总是愿意和他交朋友，对于这点，你夸赞过他吗？

3.要客观地看待孩子所做的事

无论你的孩子做了什么，你都要从事情本身评价，这样才能避免因刻板印象而误解孩子。

总之，家庭教育中，我们要看到孩子点滴的进步，要学会从多方面看待孩子，只有这样，才能对孩子产生认同感，才能加深亲子间的感情，让孩子愿意与我们沟通，使家庭教育顺利进行。

一定要给孩子解释的机会

林太太是一家外资企业的部门经理，她有个很可爱的女儿，但她工作非常忙，有时候根本顾不上照顾。于是，她把女儿的姥姥从农村接过来，一是让老人在这里帮忙照顾一下孩子，二是让老人也享受一下城里的生活。

林太太的女儿很懂事，姥姥来了以后，她怕姥姥闷，每天都带姥姥出去散步，还用自己的零用钱给姥姥买鲜花。姥姥高兴地逢人便说："我活了60多岁了，还头一次收到别人送的花呢！"

一天，林太太下班刚进门，就听到房间里有"汪汪"的叫声，推门一看，一只小狗正在房间里乱窜。忙碌了一天的林太太看到家里乱乱的样子，不免心烦意乱，张口就训斥女儿："马上就考初中了，还弄这些东西干吗？乱死了！"女儿正要向她解释，她却不容分说地继续呵斥："给我扔出去！把它给我扔出去，不用解释！我不想听！"说完就要去抓那只小狗。这时，女儿的眼泪"唰"地流了出来，她好像想说什么，但什么也没说，一转身回到自己房间，把门重重地关上了。

林太太很生气，刚想追过去再训女儿，姥姥对林太太说："你别骂孩子了，这是孩子给我买的，她说怕我在家寂寞，买了一只小狗来陪我。孩子都是出于好心，你要是觉得不喜欢，可以好好和孩子说，把它送给别人就可以了。"

林太太很后悔地推开女儿的房门，看到女儿正趴在床上哭。她拍着女儿的肩膀说："妈妈错了，妈妈不该不听你的解释，以后妈妈会改的。"

其实，现实生活中，不少家庭都发生过类似林太太家这样的情况：孩子犯了一个小错，父母单凭自己了解的情况对孩子的行为做出评价或责备，当孩子申辩或解释的时候，父母就会气上加气，心想："你犯了错还狡辩？"于是，对孩子大喊一声："住口！"父母忘记了孩子可能有自己的原因，他的心理是脆弱的，需要父母的呵护。父母不妨想想如果冤枉了孩子，他该有多么委屈，即使事后你向他道歉，对他的伤害仍然无法弥补。对于这样的情况，父母如果事先给孩子一个解释的机会，与孩子沟通，就能避免。

因此，父母不要一看到孩子做了不顺自己心意的事情就劈头盖脸地斥责他。不管什么时候、什么事情，一定要首先给孩子解释的机会，让孩子把事情的经过说清楚，然后再下结论。

调查显示，"住口"两个字，是儿童最不愿意听到父母说的话之一，因为它剥夺了孩子解释的权利，也剥夺了孩子感受的权利。父母可以站在孩子的角度想象一下，如果有人对你说

"你无权有那样的感受,你更无权解释",你会如何?你或许会大发雷霆。当孩子被剥夺了感受的权利时,他们也会感到难过。孩子在成长的过程中,自我意识也逐渐增强,当孩子在认知自我的时候,父母拒绝他的感受,就是在拒绝他本身。

批评对于孩子来说,的确是必需的一种教育手段。及时的批评可以纠正错误;恰当的批评可以使他认识错误,改过自新;严厉的批评可以使他猛然醒悟而悬崖勒马……在社会生活中,批评是修正和协调人与人之间、人与社会之间关系,帮助他人改正缺点错误的重要手段,是必不可少的,但父母一定要给孩子一个解释的机会,接纳孩子的感受,这才是正确的教育方法。孩子由于不成熟、自我约束力差、自我纠错能力差,所以在成长过程中会做出一些不尽如人意的事,但有些事情是孩子出于善意,父母不能不问缘由就采取批评手段,意图把孩子"骂"醒,这都是不明智的做法。如果父母们再不及时修正自己的教育策略,形成与孩子对立的局面,那么,和孩子之间的误会就会越来越深。那些经常被呵斥"你不用解释"的孩子,渐渐会放弃为自己辩解的权利。他们背负着很多委屈,一个人默默承受,而这样的负担可能会造成严重的心理问题。

因此,多听听孩子的解释,多从孩子的角度考虑问题,让你的孩子有辩解和申诉的机会,这是孩子应拥有的基本权利,也是保证孩子身心健康必不可少的一个环节。当父母认为孩子做错了事情时,不要急于做出判断和结论,而要首先倾听孩子的解释。你可以说:"好吧,和妈妈(爸爸)说说当时的情况。"当孩子对一件你曾经认为错误的事情做出合情合理的解释时,你应该说:"原来你有自己的想法,妈妈(爸爸)明白了!"

第2章

高效的亲子沟通，开口前要先读懂孩子的心理

作为父母，我们已经了解到沟通对于亲子关系和儿童教育的重要性，所以，与孩子沟通，就必须与时俱进，了解孩子在想什么，这样才能有共同语言。如果问到"你了解你的孩子吗？"可能有的家长会说："我的孩子，我能不了解吗？"其实不然，大部分家长可能更为关心的是孩子的成绩，而非他们的心理需求、兴趣爱好、烦恼等，可见，我们只有先读懂孩子的心理，了解孩子，懂孩子，才能让孩子有跟你交流的兴趣和欲望。

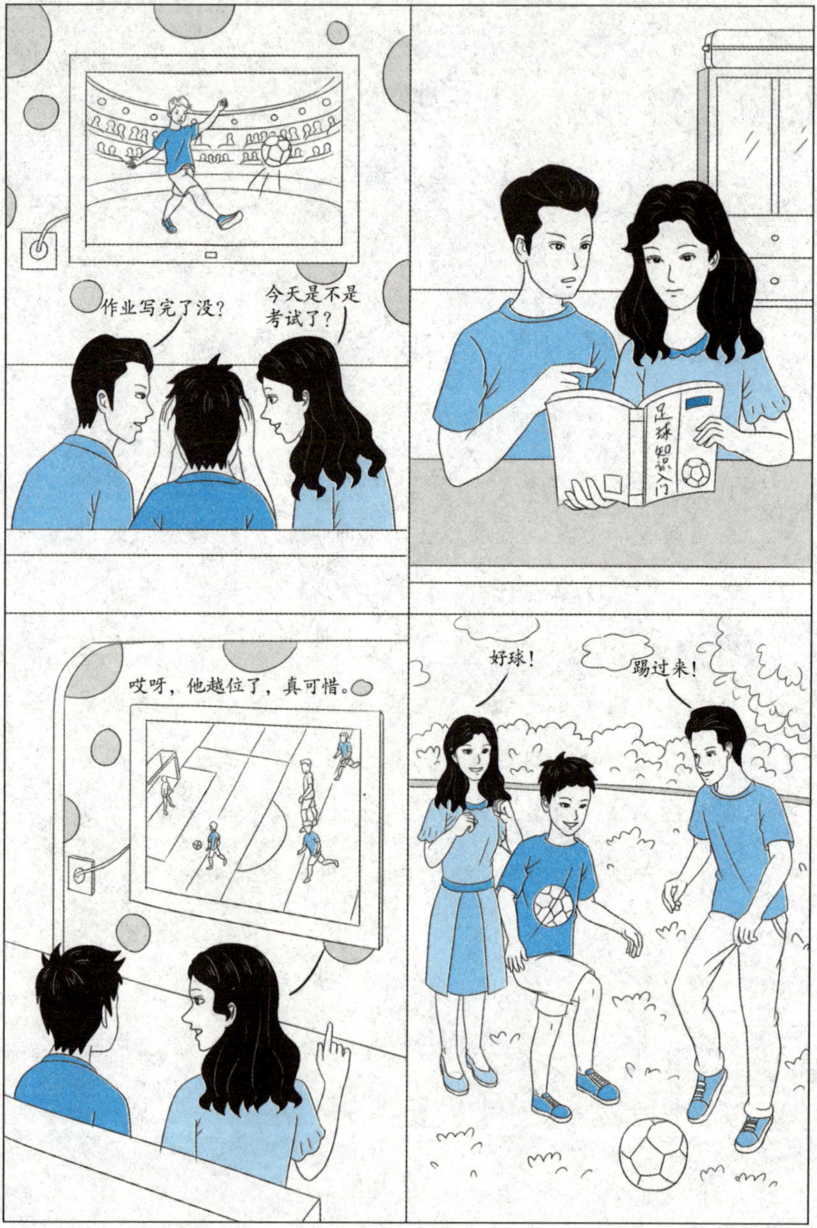
作业写完了没？
今天是不是考试了？
足球知识入门
哎呀，他越位了，真可惜。
好球！
踢过来！

与孩子沟通，从消除"代沟"开始

一位初上网的母亲向网友求助如何和儿子沟通，她这样说："儿子现在三年级，所学的文化知识不多，但很喜欢上网，一到周末就守在电脑前跟同学聊天、逛贴吧、看论坛。自己偶尔凑上去看他们聊的什么，竟然看不懂，都是什么'有木有''很稀饭'之类的词，问儿子是什么意思，儿子'切'了一声，很不屑的样子。

"后来我到网上搜才知道，现在网络上有很多新词。什么咆哮体、蜜糖体、淘宝体，我看得头都晕了。

"前段时间儿子又改了个状态，写了句'金寿限无乌龟少'，我更是看不懂。问儿子，儿子居然说我老土，这都不知道。后来，我自己上百度搜了搜，才知道这是前段时间热播的一部韩剧里的台词。唉，这个年龄段的孩子，真是太前卫了，还是我们真的太土了？"

另外，还有网友感慨：现在跟儿子的话题真是越来越少了。平时儿子放学回家，他总是会问儿子想吃什么，儿子的回答常常是"就知道问这个，随便"；考试完问儿子成绩怎么样，儿子的回答是"就会问成绩，烦不烦"；给儿子买了新衣服,儿子的回答是"就会买这样的,俗不俗"……

孩子从婴幼儿变成儿童之后,你是否发现,他似乎不再那么黏你,也不像以前一样听话了,不再认为我们说的都是对的了。他是不是经常对我们说:"俗!""土得掉渣!""out了!"等?从孩子的口中,你是不是会听到:"我们同学都是这样说的。""人家都是这样穿衣服的。""什么都不懂,懒得跟你说。""你不明白的"……这表明你们之间有代沟了。

代沟是指两代人因价值观念、思维方式、行为方式、道德标准等方面的不同而产生的思想观念、行为习惯的差异。当今社会,代沟严重影响了亲子关系。很多儿童不理解父母,是因为相对于婴幼儿时期,儿童已经开始有独立性,从而使亲子两代人在对待事物的认识上产生一定的差距。由于态度的不同及意见分歧,出现了一条心理鸿沟,致使孩子认为父母不了解他们,有事宁可与同学商谈,而不愿向家长诉说;甚至以不满、顶撞、反抗、违法等方式试图摆脱成人或社会的监护,以自己的方式行事,坚持自己的理想和判断是非的标准。

大量事实表明,父母与孩子隔阂的症结,不在孩子,而在父母。例如,父母的冷淡磨灭了孩子倾诉的兴趣。孩子既有饮食饥饿,也有交谈饥饿,而父母往往只关注了前者,忽略了后者。每个孩子小时候都是爱向父母倾诉的,但是因为父母处理不当,致使孩子丧失了倾诉的兴趣。

常听到一些父母抱怨:"儿子长大了,什么都不向我们讲,不知道他想的什么。"也常听到小孩说:"懒得和父母说,说了他们也不理解。"

可见,要与孩子沟通,第一步就是要消除代沟。具体说来,家长应这样做。

1.与时俱进,主动寻找共同语言

曾经有人做过一次调查,设计了一些问题:你的孩子最喜欢做什么?他最崇拜谁?曾经哪件事最打击他……

父母与孩子都写下这些问题的答案,然后彼此对照一下,结果发现,没有一位父母能回答对一半以上的问题。

的确,很多父母能记得孩子每次的考试成绩,记得孩子喜欢吃的食物,但就是弄不清孩子崇拜的偶像是叫迈克尔·乔丹还是迈克尔·杰克逊,他到底是打篮球的还是踢足球的。努力和孩子建立共同的爱好,了解孩子,他才能有与父母交流的兴趣和欲望。

要知道,孩子虽然还小,但所需要的可能并不只是玩具和零食,而是亲密感情的表现形式,如你了解他的思想,理解他,认同他,给他一个鼓励的拥抱等。记住,你的孩子已经不再是襁褓中的婴幼儿了,他已经有了自己的爱好、思想等。对此,父母应予以正确的引导和鼓励,突破传统教育的固定模式,与时俱进,不能以一成不变,简单粗暴的方式来约束他。父母应该在平时多留意社会的发展和孩子的想法,注意与孩子

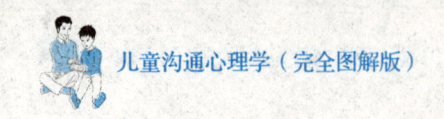

沟通，在了解他的想法后也要多向老师求教，双方配合，合理引导，从而共同促进孩子的健康成长。

2.平行交谈，增加与孩子沟通的机会

现代社会，很多父母都很忙，孩子也每天忙于学习，造成亲子间的代沟越来越大。其实，家长可以制造机会与孩子相处。例如可以与孩子一起晨跑，一起打球，一起游泳，一起旅游……这样不仅能锻炼身体，而且可以加深亲子间的感情。

孩子天天在用现代化的眼光审视我们，逼迫我们去学习新东西，督促我们朝现代化靠近！呆板的、单一的、简单的家教已经行不通了，父母要在人格魅力、学识素养各方面得到孩子的敬佩与爱戴。21世纪，变是唯一不变的真理。变是常态，不变是病态。因此，作为21世纪的父母，我们不妨改变一下自己，做与时俱进的父母，从而将代沟减少到最小。

3.尝试跟孩子交朋友

事实上，孩子都希望交朋友，他们往往会有自己的朋友圈子。父母要是和孩子交上了朋友，那就不需要再为不知道怎么跟孩子交流而烦恼。

有位母亲这样讲述自己的教育经验——儿子喜欢什么，妈妈就去学什么。

"儿子四年级的时候，身高就已经长到165厘米，开始跟高年级的孩子学习打篮球了，而我对篮球一窍不通，为了打

入儿子的圈子,我专门去查资料,了解NBA、乔丹、科比、姚明……周末的时候,我会主动跟儿子交流:'晚上有NBA的比赛,我们一起看。'儿子当时特别兴奋。他会觉得妈妈很了解我的爱好,妈妈很'潮',跟别的家长不一样。

"儿子对我认可了,自然也就乐意跟我聊天,这样我关于学习和生活的提醒他也就肯听了。其实,这个时候的孩子也很要面子,家长一定要把他们当成大人看待。有一次我在路上遇到了儿子的同学,便很真诚地跟对方说:'很高兴我儿子有你这么要好的同学,欢迎你经常到我家玩。'事后,儿子很高兴,他觉得妈妈很尊重他的同学,让他很有面子。第二天放学后,儿子兴奋地跑来告诉我,那位同学夸我'很有气质、很优雅'。"

要消除代沟,和孩子做朋友,父母一定要放下架子,主动去和孩子交往。例如,针对上网这一问题,我们不能盲目反对,因为孩子在上网时,也会有收获。而且通过观察孩子在上网时最爱干点什么,然后去了解孩子的爱好,可以找到一些共同语言。另外,如果孩子爱玩游戏,那么,在有条件的时候,试着跟孩子一起玩玩,就能让孩子更加喜欢你。当然,在游戏的选择上,可以挑一些竞技类和娱乐类的。这样,在娱乐的同时,还能培养孩子的竞争意识。

与时俱进，了解你的孩子在想什么

最近，林女士和她上四年级的儿子关系闹得挺僵，她只好请自己的一个做老师的姐妹刘老师调解。

这天，刘老师来到林女士家，单独和她的儿子聊天。这个男孩以前还参加过刘老师组织的夏令营，对刘老师很热情，也很乐意和她聊。

"我妈对别人客客气气，对我却总是大发脾气。每天我妈下班一回来，我打开门，只要见她脸拉得老长，我便立刻跑回自己的房间，把门关紧，省得挨骂。"说着男孩还举出几个实例。

"你妈也不容易，她在单位是领导，操心的事不少，回家又要做饭，照顾你，够累的，爱发脾气可能是到了更年期……"

"更年期？"没等刘老师讲完，男孩就迫不及待地接过话头，"自打我上学，我妈脾气就这么坏，更年期怎么这么长？您给我来个倒计时，更年期哪天结束？我也好有个盼头！"

刘老师忍不住笑起来。她很同情这个男孩，事后她对林女士说，我们不能怪孩子不理解我们，我们也该改变自己了，尽管改变自己不容易。平时，我们很在乎孩子的物质要求，注重对孩子生活上的照顾，却忽视了孩子的情感世界，特别是忽略了自己在孩子心目中的形象定位。

林女士听到儿子对她的看法，感叹道："如今当父母真难，我们小时候哪有这么多事！"可她还是答应，要改变自己对孩子的态度。

从这个故事中，我们看到了，新世纪要做好父母，与孩子沟通真是不容易。问题出在哪里？也许是青春期这个特殊时期的原因，也许是父母的沟通方法出了问题。

做父母的首先要注意沟通的方式方法。先反思一下：你是否唠叨？你与孩子的话题是否永远都是学习、听话？你是不是经常暗示孩子一定要考上大学？那你是否发现孩子越来越不愿意和你交流？你的孩子是不是觉得你越来越"土"？之所以请你反思，是因为孩子在长大，他们已经不是婴幼儿了，已经开始走出家庭和父母的保护。进入学校后，他们对父母难免开始疏离，这时我们越是要求他们，他们越不听。最好的方法是改变自己的态度，打开与孩子的交流之门，缩短与孩子的心灵距离。

事实上，学习是大多数孩子最反感父母与之唠叨的一个话题，要想跟孩子做好沟通，最好避开这一话题。

然而，不少父母会问，我应该和孩子聊什么呢？其实，要和孩子做朋友，就必须与时俱进，了解你的孩子在想什么，了解孩子才能有共同语言。那么，哪些话题更适合与孩子沟通呢？

1. 孩子感兴趣的话题

任何谈话，如果所交谈的话题是交谈者自己感兴趣的，他就会投入十二分的热情，但是如果孩子对所交谈的话题没有丝毫兴趣，即使场面再大，对方热情再高涨，他也会觉得寡淡无趣。父母要想和孩子和平相处，并得到对方的认同，就要彻底地了解孩子的所"好",了解他感兴趣的话题,如儿子最喜欢的球星是谁?他喜欢什么款式的衣服?他最喜欢做的事是什么?从孩子最关心的这些话题开始谈起,才会激发他的沟通意愿。

2.新话题

这些新话题应该是在孩子们之间流行的,如最近哪个明星最红,足球赛哪个队赢了等。了解这些新事物,能让孩子觉得父母不"土",自然也就愿意与父母沟通了。

3.孩子知道而家长不知道的话题

时代在发展,社会在进步,孩子的思维和知识面未必不如父母。作为父母,我们每天为了工作和柴米油盐奔波,可能有很多不了解的知识,此时,我们可以向孩子请教,这样能让孩子觉得父母对自己的尊重,一旦打开了沟通的心门,再让孩子从心底接受父母的教育和引导也就不是难事了。

可见,现代家庭中的教育已经不像从前那样简单了,作为家长,若想获得家庭教育的成功,首要的是更新家庭教育思想和观念。每个时代有每个时代的家庭教育观念,21世纪的家长为什么会在家庭教育中产生困惑?主要是现在社会变化太快了。所以,在现代家庭教育中,家长应该既把孩子当作朋友,当作一个与家长有平等关系的公民,必须抛弃"天下无不是的父母"这种陈腐的观念。只有这样的沟通才是平等的沟通,也才是能让孩子接受的沟通。

孩子为什么任性，你了解吗

"我的女儿小远今年刚满4岁，聪明可爱。因为我们工作很忙，长期由爷爷奶奶带，但我们每天都抽时间过去和她玩。因为她小时候没吃过母乳，身体多病，所以爷爷奶奶对她照顾得很周到，总是担心她生病。女儿2岁就上了幼儿园，学习能力不错，就是性格上比较任性，有点我行我素，如上公开课，老师点她发言，其实她会，但就是不配合，还跟我们说，不想让这么多不认识的人听她念课文，听老师说平时点她发言蛮配合的，学习效果也不错。每个新学期开学，小远总是要哭几次，不过我们走后，她上课做游戏都很积极，也很喜欢上幼儿园。

"这个暑假，她进步蛮大，喜欢学习生字，玩玩具也有耐心，但是性格更加任性，有时可以说固执，如看电视时有哪个节目上的字她不认识，而家里人又没有及时告诉她，她就开始吵闹，吵得很厉害，我们每次都通过转移注意力的方式让她安静下来，次数多了真是觉得累。跟她说过多次道理，幼儿园的小朋友不认识字是很正常的，可当时答应得蛮好，过后又是一样着急和吵闹。到底怎么办才能让她别这样任性了？"

所谓任性，是指一个人不顾客观环境和条件，想说什么就说什么，想做什么就做什么，不听从别人的劝告和阻拦，任着性子来。其实，我们发现，故事中这位家长认为自己的孩子任性是无理取闹，但实际情况并非如此，孩子缠着家长及时告诉自己生字是好学的表现，在公开课上不想让不认识的人听自己念课文，是对个性的追求。也许父母看到的是：孩子任性就是不懂事，却忽略了孩子任性背后的心理需求。

其实，生活中，一些父母经常忽略这一点，当孩子因为自己的某个要求没有满足哭闹不止时，父母常常把这种任性归咎于太娇惯。这是错误的。

美国儿童心理学家威廉·科克的研究表明，孩子任性是心理需求的表现。他表示，随着生理发育，孩子接受到的事物越来越多，他们对事物的看法不可能像成人一样全面，也不能对事物进行细致的分析，只能凭自己的感官去触碰，凭自己的兴趣去参与，尽管我们成人深知这样并不科学，但孩子就是孩子，我们不能以成人的标准来要求他们。实际上，这种情绪和兴趣，就是孩子很想接触更多新事物的心理需求。对自己的心理需求，他们通常会以任性的方式表达出来。

杰克已经4岁了，一天，他的表姐来他家玩的时候带来一个新闪着灯的玩具。等表姐走后，杰克便开始纠缠妈妈，非要妈妈也给自己买一个一模一样的玩具，但那时候已经夜里8点多了，他所住的小区离市区很远，该玩具只有在市中心某大型超市才有得卖，也没有去市区的车了，妈妈就告诉杰克今天暂时不买，但杰克不依不饶，哭闹了一整夜。

这件事表面看起来是杰克任性，无理取闹。可他的妈妈没有从孩子的角度去思考,她认为杰克非要那个玩具,是因为别人也有,纯粹是胡闹。而她忘记的是,杰克只是对那玩具上一直闪着的灯感兴趣,如果自己也拥有一个的话,就能好好研究了。这就是一种好奇的心理需求。当他的这一心理需求得不到满足时,他就与妈妈作对,无奈中只得以哭来抗议。不达到目的,决不罢休。

所以,这个故事中,如果杰克的妈妈看到了孩子的这一心理,表扬杰克想弄清那玩具为何闪亮是爱动脑筋和非常聪明的表现,再讲出今晚不可获得这玩具的道理,并承诺明天将与他共同研究玩具为何闪亮,可能孩子的情绪会好得多。至少,他在心理上会感到母亲对他在"闪亮"问题上的认可。

总之,作为父母,我们要明白,处于独立性萌芽期的幼儿,一切事物都想去触摸,去查看,都想弄个明白,这原本是好事。但是,这种"亲力亲为"的心理,往往会通过成人不认同的方式——任性表达出来。当然,对于孩子的任性行为,我们既不可包办代替,也不可断然拒绝。否则,孩子的任性就会越来越严重。这种任性,实质上是一种与家长对抗的逆反心理,其根源就在于家长没有重视他们的心理需求。

孩子为什么要顶撞父母

一位母亲苦恼地对某心理医生说：自己的女儿10岁了，过了这个暑假就念四年级了。可不知怎么回事，从这个暑假一开始，就感到女儿好像变了一个人，平时要么一个人闷在房间里上网、玩游戏，要么对家长不理不睬。更奇怪的是，前两天她和爱人想跟女儿好好沟通一下，谁知没说几句话，女儿就顶撞说："我就是不知好歹，不可理喻。"还在自己的房间门上贴了"请勿打扰"四个字，气得她说不出话来。

生活中，有不少孩子对父母的反抗情绪更严重，他们基本上不和父母沟通，父母说一句，就顶十句，总是喜欢说"反话"，而且，无论怎么样，他们都觉得自己是对的。而作为过来人的父母，自然更有"发言权"，于是，很多父母便为了更正孩子的观点而极力发表自己的观点，如果双方始终坚持自己的立场，那么，便极容易产生一种对立的情绪。作为父母，如果能了解孩子的想法，你会发现，其实孩子的这些想法也有一定的道理。

作为父母，我们要明白，我们的孩子正在逐渐长大，与婴幼儿时期不一样，他们现在已经有了一定的自我意识，既不愿向父母吐露，又会埋怨父母不理解自己，如果父母处置不当，如对孩子的表现刨根问底，或是漠不关心，就会增强他们的反抗情绪。对此，父母应放下架子，与孩子平等相处，当孩子的知心朋友，争取成为他们倾吐心事的对象和安慰者。

的确，可怜天下父母心，所有的父母都望子成龙、望女成凤，甚至有些家长自己年少时没多少读书的机会，便把自己未实现的愿望强加到孩子的身上，于是，孩子一放学，他们便告诉孩子："快去做作业！"当孩子做完作业，他们又会督促孩子："练习做完了吗？"可能在孩子还小的时候，他们会听你的话，但孩子一旦进入学校进行学习，学习压力加大，在学校，他们已经被压得喘不过气来，回到家中，还没有放松的时间，孩子自然会对你的教导产生逆反情绪。

为此，儿童心理学家给出建议：

1.把命令改为商量

在很多问题上，父母不要太过武断，也不要替孩子做决策，而应该先问询孩子的意见，如"你是怎么认为的呢？你打算如何处理呢？你打算什么时候开始做呢？"这就表示了我们对孩子的尊重，在了解了孩子的想法后，如果他有些部分不正确，那么，我们再以研究和探讨的语气与之商量："我能理解你的想法，但我们还要考虑这件事的可行性，不是吗……你认为妈妈（爸爸）的意见对吗？"

孩子是聪明的，有判断力的。如果你的话有道理，孩子也是会采纳的。同时，交流会越来越多，亲子关系也会更好。

再如，孩子周末想去朋友家玩，不要一味拒绝，可以提出具体要求,如你去的地方要告知家长,你什么时候回,都有哪些人,玩多长时间。如果孩子要求在朋友家住,你要告诉孩子不行,如果晚了,爸爸妈妈可以去接你,那样爸爸妈妈不会担心。既要支持他,也要告知他不能破坏原则。这样孩子得到了快乐,也不会太放纵。给孩子一个空间,让他自己去体验、去成长。家长永远是孩子的后盾,是支持者和帮助者,才不会让孩子离自己越来越远,才会让孩子幸福快乐地成长。

以商量的方式去解决问题,即使商量失败,但感情氛围会增强,有利于以后问题的沟通。家长常犯的错误是,当前问题没解决,还破坏了感情气氛,阻断了感情沟通,失去今后解决问题的机会。

2.不妨让孩子吃点"苦头"

这个阶段正是孩子形成主见的关键时期,小错肯定难免,所以,家长应该允许孩子犯一点错、吃点亏,不要过分束缚孩子的手脚。

举个很简单的例子,如果你的儿子"要风度不要温度",寒冬腊月坚决不穿毛衣,你劝说没成功,不用着急,让他挨冻一次没关系,真感冒了,他会明白你的意图,至少以后会考虑你的意见。

总之,与孩子沟通,支持要比压制好,商量要比命令好。另外,只要孩子的想法合理,就要全力支持。

了解你的孩子为什么抗拒学习

这天,一位母亲带着一名小女孩来找心理咨询师。这位母亲说孩子最近不想上学,在咨询师的引导下,小女孩说出了心事:

"我是个挺在乎同学关系的人,我在这方面也很努力。但是,我感到同学们并不是都很喜欢我。而我们班上的另一个女孩却非常有人缘,她不当班干部同学们喜欢她,她当班干部同学们也喜欢她。您说,这是怎么回事?反正现在大家都冷落我,我不想去上学了。"

"我们先放一放你的问题,你能仔细想想那个同学们喜欢的女孩有哪些表现吗?想起什么就说什么。"

小女孩沉思片刻说道:"她喜欢帮助人。同学们谁有困难都愿意找她,只要是她能做的,她总是尽力帮忙。她还总是微笑,不喜欢炫耀自己,很少和同学闹矛盾,也很善于说话。学习也很努力……"

"你能发现这些很好,你不必非要大家都喜欢你。世上哪有让所有的人都喜欢的人?你今天专门来讨论这个问题,说明你将会更好地进行人际交往,将会如那个女孩一样让大家喜欢。"

很明显,故事中的小女孩之所以有"不想上学"的想法,是因为她在学校的人际关系不是很好,而这也是很多儿童产生厌学情绪的原因。儿童从家庭来到学校,有了新的环境,他们都希望自己可以交到更多的朋友，可是在处理和同学之间关系的时候，因为人生阅历的不足，容易造成一些失误。

当然，除了这一原因外，儿童抗拒学习的原因还有很多，如孩子学习动机不明、学习压力大等。的确，随着社会竞争的日益激烈，每个孩子都必须掌握大量知识。正是因为如此，不少孩子在天真无邪的童年时代就开始背负学习的压力，他们似乎已经不再是为自己读书，而是为父母读书。除了每天紧张的学习外，他们还要面临残酷的学习竞争。一场场考试，一次次排名，把他们压得喘不过气来，久而久之，他们开始产生厌学的情绪。其实，缓解孩子的学习压力是个社会性问题，需要全社会的共同努力，但是家长负有最直接的责任。为了孩子的健康成长，每一个家长都要格外用心和努力。

作为父母，我们要从以下方面努力：

1.要下大气力解决孩子的学习动机问题

学习动机是孩子学习的根本动力，只有不断地明确认识到学习的意义，孩子的学习才会有持久的动力。

一些家长爱用"将来没饭吃""不读书一辈子干苦力"等话数落孩子，既没有给孩子讲道理，又没有直接激发孩子的具体实例，往往不起任何作用。

其实，兴趣才是最好的老师，孩子的学习也是如此，只有让孩子真的爱上学习，他们才能化压力为动力，因此家长要注意经常鼓励孩子，想办法激发他的兴趣，并潜移默化地向他灌输社会性理想，帮助他将目光投向社会、世界和未来。

例如，小明原来对生物学习不感兴趣，上课随便讲话，做小动作。班主任老师在一次家访中，发现了他爱饲养小动物。于是班主任老师有意让他参加生物兴趣小组，并委托他饲养生物实验室的金鱼。由于他的兴趣得到了合理引导，他不仅在课外活动中主动积极，而且在生物课上也表现得十分认真。

可见，孩子一旦对学习产生了兴趣，便会积极主动地投入，消除怠惰。

2.找到孩子不喜欢学习的原因，对症下药

父母首先要和孩子自由沟通，以温和的态度和孩子探讨为什么不喜欢学习。父母了解他的问题所在，就要为他解决。对于因学习困难而对学习不感兴趣的孩子，家长要耐心地帮助孩子找到困难的原因，帮助他掌握科学的学习方法。

3.切实帮助孩子解决学习上的问题

很多父母关心孩子的学习情况，只是把眼光放在孩子的成绩上，而没有认识到孩子有时候也需要家长在学习上的辅导与帮助。有的孩子因为某一个问题没弄明白，一步没跟上步步跟不上，渐渐失去了学习的信心和兴趣。所以家长要真正关心孩子，就要注意他是否能跟上学习进度。有条件的每周都要和孩子一起总结一次，发现哪里出现了问题就要及时补上，也可以请专门的老师给予专题辅导。孩子在学习上的困难得以解决，

学习兴趣必然能够得到提高。

而对于学习压力过大,已经明显表现出病态心理和行为的孩子,要积极求教于心理咨询和治疗机构,在专业人员的指导下对孩子予以科学的辅导,及时帮助孩子得到积极矫治。

第3章

高效的亲子沟通，首先应有合适的沟通方法

沟通，是解决一切教育问题的良药，离开了沟通，所有的教育都将无从谈起。孩子从幼儿变成儿童，处于独立意识的萌芽时期，此时，他们蓬勃成长，但也希望得到成人的尊重，作为父母，我们只有从孩子心理角度出发，了解孩子身心发展的特点，才能找到与孩子沟通的关键与方法，才能更好地帮助孩子，使他们更加健康快乐地成长。

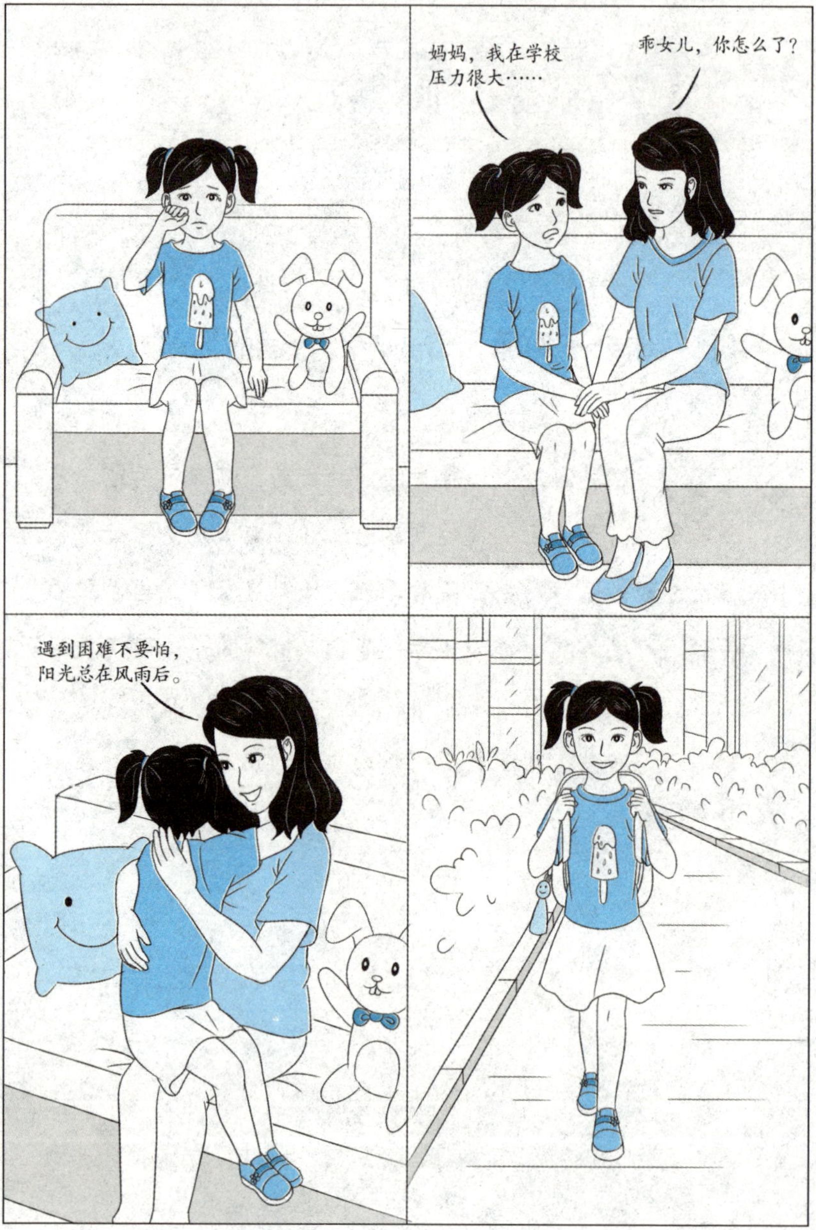
乖女儿，你怎么了？
妈妈，我在学校压力很大……
遇到困难不要怕，阳光总在风雨后。

认真倾听，是有效沟通的开始

小凯似乎上了三年级以后，就变得越来越不听话了，经常在学校惹事，他的爸爸也经常被老师请去学校，这不，小凯又在学校打架了。回家后，爸爸并没有训斥小凯，而是心平气和地把他叫到身边。

"我知道，老师肯定又把你请去了，我今天少不了一顿打。"小凯先开了口。

"不，我不会打你，你都这么大了，再说，我为什么要打你呢？"爸爸反问道。

"我在学校打架，给你丢脸了呀。"

"我相信你不是无缘无故打架的，对方肯定也有做得不对的地方，是吗？"

"是的，我很生气。"

"那你能告诉爸爸为什么和人打起来吗？"

"他们都知道你和妈妈离婚了，然后就在背地里取笑我，今天，正好被我撞上了，我就让他们道歉，可是，他们反倒说得更厉害了，我一气之下就和他们打了起来。"小凯解释道。

"都是爸爸的错，爸爸错怪你了，以后别人那些闲言闲语

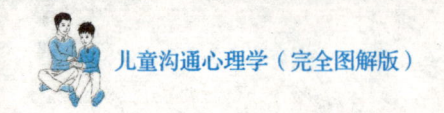

你不要听，努力学习，学习成绩好了，就没人敢轻视你了，知道吗？"

"我知道了，爸爸，谢谢你的理解。"

可以说，小凯的爸爸是个懂得理解与倾听孩子心声的好爸爸，孩子犯了错，他并没有选择粗暴地责问、无情地惩罚，而是选择了倾听，表达了对孩子的理解，让孩子感受到了爱、宽容、耐心和激励。试想，如果爸爸在被老师请去学校以后就大发雷霆，不问青红皂白地将小凯打骂一顿，结果会怎样呢？结果可能是父子之间的距离越来越远，孩子的叛逆行为也可能越来越严重。

但现实生活中，这样的家长又有多少呢？随着现代社会生活步伐的加快、竞争压力的加大，作为家长，为了能给孩子一个优越的生活环境，常常忙于工作，而忽视了与孩子多沟通，陪孩子一起成长。父母是孩子的第一任老师，也是孩子接触时间最长的朋友，在孩子成长的过程中，最需要的就是父母的关心，最愿意交流的也是父母。对于儿童时代的孩子来说，进入学校之后，他们有了一定的自我意识。如果缺少父母的理解，那么，亲子关系就会越发紧张，甚至对孩子的成长产生不利影响。

可见，父母不愿倾听、理解孩子的最终结果可能是失去"倾听"的机会。常有家长这样抱怨：真不知道我家孩子是怎么想的，总是不肯好好听我说话。对此，父母应该反问自己：

作为家长,你有没有好好听过孩子说话?我们把大量的时间用来批评和教育孩子,却忽略了倾听。父母应该做的不仅仅是为孩子提供良好的物质生活环境,同时,应该去倾听孩子的内心,让彼此间的心灵更为亲近。

为此,儿童心理学家给出建议:

1.放下父母的架子,平等地与孩子沟通

生活中,很多孩子说:"每次,我想跟爸妈谈谈心,刚开始还能好好说话,可是爸妈似乎都是以教训的口气跟我说话,我还没说完,他们就开始以父母的身份来教育我了,我真受不了。"其实,这些家长就是不懂得如何倾听。倾听的首要前提就是和孩子平等地对话,这才能达到双向交流的作用。和孩子发生矛盾在所难免,但要等孩子把话说完,再提出解决的办法,这才会让孩子感受到尊重。

作为父母,一定要放下架子,主动与孩子交流,然后认真倾听,只有让孩子体会到家长对自己的尊重,孩子才能更加信任家长,达到和家长以心换心、互为朋友的程度。在这种条件下,孩子对家长完全消除隔阂、敞开心扉,与孩子相处因此成为一种非常美好的享受。

2.摒弃成见,孩子的想法未必不正确

作为大人,很多时候,会认为孩子的想法是不对的,甚至是不符合常规的,抱着这样的心态,在倾听孩子说话的时候,成人会有一种先入为主的想法,会把孩子的话摆在一个"幼稚

可笑"的立场，孩子自然得不到理解。其实孩子也是人，孩子也有一个丰富的心灵，我们要特别注意倾听他们的心声。

3.善用停、看、听三部曲

当孩子产生一些不良情绪时候，父母要察觉出来，然后主动接触孩子，运用停、看、听三部曲来完成亲子沟通这个乐章。"停"是暂时放下正在做的事情，注视对方，给孩子表达的时间和空间；"看"是仔细观察孩子的面部表情、手势和其他肢体动作等非语言的行为；"听"是专心倾听孩子说什么、说话的语气声调，同时以简短的语句反馈给孩子。

可能你的孩子做得不对，但作为家长，不要急于批评孩子，应该在倾听之后，对孩子表达你的理解，在孩子接纳你、信任你之后，你再以柔和坚定的态度和孩子商讨解决之道，从而激励孩子反省自己，帮助他从错误中学习成长。

其实，每一个儿童都希望得到父母的理解，因此，从现在起，每天哪怕是抽出2小时、1小时，甚至是30分钟都好，做孩子的听众和朋友，倾听孩子心中的想法，忧其所忧，乐其所乐，当孩子有安全感或信任感时，就会向其信任的成年人诉说心灵的秘密。这样，父母才有可能经常倾听到孩子的心灵之音，孩子才会在关爱中不断健康地成长，快乐地度过童年！

试着与孩子进行非语言沟通

有一天，小区里的几个母亲在一起聊天。

其中一个母亲说："最近我们机构要组织一个小学生训练营，其中有很多内容是我都不知道的，如要求和孩子使用非语言的交流方式。"

"那是什么啊？"

"在孩子小的时候，我们都愿意去抱抱孩子，亲亲孩子，那时候，孩子与我们的关系是那么的密切，小家伙一天都离不开妈妈。可是现在，孩子上小学了，我们照顾孩子的时间少了，孩子离我们也远了，我们还记得每天晚上在孩子睡觉前亲一下他的脸颊吗？当孩子受到挫折时，我们有给孩子一个安慰的拥抱吗？"

"是啊，我们似乎把这些都遗忘了，我们要拾起那些我们遗失的爱，孩子肯定还会重新回到我们的怀抱的……"

"是啊，那赶快去吧，明天训练营就要开课了，我们肯定会受益匪浅的。"

语言是我们沟通的常用工具，但人类除了语言，还有其他的交流工具，那就是身体语言。人们的一颦一笑，甚至一个眼神，都体现了某种情感、某个想法、某种态度。

很多人认为语言的交流方式给人提供了大部分的信息，但语言学家艾伯特·梅瑞宾的研究表明，人与人之间的沟通，事实上只有7%是通过语言沟通来实现的，而高达93%的传递方式是非语言的。而在非语言沟通中，也只有38%是通过音调的高低进行的，有55%是通过面部表情、形体姿态和手势等肢体语言进行的。

当孩子还小的时候，我们会特别留意他，会留意孩子的声调、面部表情、动作、姿势等，会用自己的行动表达对孩子的爱。可当孩子逐渐长大后，我们反倒把这种表达爱的方式丢弃了，这种细微的变化，很多父母都没有注意到。而孩子在离我们越来越远，甚至产生叛逆情绪，很多父母抱怨说："都说孩子慢慢长大之后就容易'较劲'，我发现我家孩子对别人都是好好的，但一回到家里就专门跟我对着干，就好像他的'较劲'对象主要就是我一样。"事实上，没有教不好的孩子，只有不好的教育方法。只要方法妥当，任何孩子都是优秀的；只要用心，总能找到合适的教育方法，而孩子更需要的是父母的爱和关心。

由此可见，非语言信息在与儿童沟通的过程中是多么重要。然而，一份社会调查却显示，在亲子之间的沟通中，非语言沟通常常被忽视。当然，这一现状的产生也与孩子有很大的关系。

不得不说，不少父母一直采用错误的非语言沟通方式与孩子交流，如经常向孩子发脾气、拍桌子、摔东西等，这些都会被孩子理解成你极度嫌弃他的信号。这些非语言行为都是拒绝沟通的信息，因此它更会阻碍亲子之间的沟通，破坏亲子关系。那么，父母该怎样与孩子进行非语言沟通呢？

1.多用眼神鼓励孩子

身体接触往往比语言能更好地表情达意。有时候，哪怕你一个鼓励的眼神和微笑，都会让你的孩子充满无穷的动力。因此，聪明的父母总是会在某些时刻给孩子一个肯定、坚毅的眼神，让孩子更自信。

2.给孩子一个拥抱，给他力量

如果你的孩子取得了一个好成绩，作为父母，你需要赞扬、鼓励他，这时，如果单纯地用语言与他沟通，告诉他："儿子你真棒，妈妈因为你而骄傲！"他也会很高兴，但是这种高兴劲儿也许没过多久就被他忘记；如果运用非语言方式与他沟通，微笑地走到他面前，给他一个拥抱，然后再告诉他："儿子，妈妈为你而骄傲。"这样，他将永远不会忘记妈妈对他的赏识和鼓励。

3.用握手向孩子表达友好

有研究人员曾通过实验研究了握手的效果，结果证明：身体的接触行为能增强人与人之间的亲近感，即使是初次见面的人也有同样的效果。为了强化这种效果，有人会伸出双手与人握手，这样的人大多非常热情。

想必大多数父母也明白握手是一种表达友好的方式，是平等沟通的一种表现。而孩子都希望与父母平等地对话，因此，日常生活中，如果我们能把这一非语言沟通形式运用到对孩子

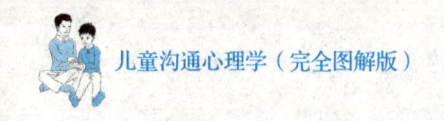

的培养中，相信是能起到一定的积极作用的。

总之，在生活中，尝试着用非语言的方式与孩子沟通吧，但你还需要注意以下三点：

第一，尝试以身体接触代替言语交流。

第二，有些孩子不喜欢太多的拥抱，别强迫他这样做。尝试寻找其他与之亲近、感受亲密、向他示爱的方式。

第三，若身体接触的习惯已经消失，在睡觉前或看电视时，甚至只是紧挨你的孩子坐着时，轻轻抚摩他的前额、脑袋或手，可以使身体接触的习惯重新回到你们家中。

与孩子的好朋友保持沟通

蕾蕾与彤彤是很好的朋友，但蕾蕾与彤彤的性格不大一样，蕾蕾性格内向，不怎么喜欢交际，但什么都跟彤彤说。上了小学以后，蕾蕾与彤彤走得更近了。

最近一段时间，蕾蕾妈妈发现蕾蕾变得很奇怪，除了吃饭时间，她几乎不出自己的房间门。不仅如此，她对妈妈的态度十分冷淡，有时候，妈妈跟她说上半天话，她才勉强答一句。

周末，彤彤来找蕾蕾玩，趁着女儿下楼买水果的空子，蕾蕾妈妈悄悄问彤彤："彤彤，蕾蕾这几天是怎么了，对我好像有很大意见呀。你们是好朋友，她一定告诉你了。"

"阿姨，蕾蕾是告诉我了，可是我不知道该不该告诉你？"彤彤有点难为情地说。

"只有你告诉我了，我才知道问题出在哪里，才能使蕾蕾摆脱烦恼呀，你愿意帮助你的好朋友吗？"

"是这样的，阿姨，我们已经都长大了，也有自己的隐私了，也懂得自理了，尤其是内衣和袜子，她希望可以自己洗。她曾暗示过你好多次，但你好像都没有明白她的意思。"

蕾蕾妈妈这才恍然大悟，怪不得上次还发现女儿把内衣放在被子里，原来是要自己洗。这下，她知道如何化解与女儿之间的矛盾了。

这种情况可能很多家长都遇到过，聪明的家长当自己和孩子无法沟通时，会懂得从孩子身边的朋友"下手"，找到和孩子之间的症结所在，故事中的蕾蕾妈妈就是个聪明的家长，当发现女儿有心事而拒绝与自己沟通时，她选择了向女儿的好朋友彤彤求助，这不失为一个沟通的良方。

可能很多家长都发现了，孩子上学以后似乎变了不少，变得不喜欢黏着父母，甚至好像与父母相隔千里。过去无话不讲的孩子突然不说话了，避免与自己交谈，下学后回到家，就一头扎进自己的屋子里，甚至宁愿把那些心事告诉朋友，也不愿意与父母交流。对此，很多父母不解，更多的是不知所措。

其实，出现这些现象是有原因的。我们都知道青春期的孩子开始疏远父母，对于儿童来说也是如此，儿童固然天真无邪，但他们毕竟开始上学，接触同学、老师和朋友，也自然有了成长的烦恼；同时，学习的压力、家长的期望等都会给这个并不成熟的孩子带来压力，于是，他们需要发泄，需要向他人倾诉。但是他们不好意思向家长诉说这些事情，而且，就算他们愿意向家长诉说，大部分家长也都不能以正确的态度对待孩子的这些问题。听到孩子这些"心事"，他们要么会训斥孩子"不务正业"，要么会嘲笑孩子，总之会使孩子很尴尬。所以，这些孩子宁愿把"心事"讲给朋友听，也不愿意告诉家长。

国外儿童心理学家通过一项研究发现：一些12岁以前的孩子，也就是儿童，不愿意与父母沟通，而这一过渡期内父母如果没有及时地与孩子沟通，在青春期后，父母与孩子的心理距离就会更大。对于不愿意沟通的孩子，家长可以与孩子的好朋友保持沟通，这是一个家长可以掌握儿童心理变化的巧妙方法。

人以群分，同龄的孩子面临的是同样的学习环境，成长中有共同的烦恼，因而他们之间有更多的共同语言，都愿意向朋友或者同学倾诉自己的心事，因为他们会得到理解。所以，孩子们一般都会很注重友谊，不愿意把朋友托付给自己的秘密透露给他人，可见，家长要想和孩子的朋友沟通、了解孩子的内心，是需要下一番"功夫"的，对此，家长可以这样做。

1.晓之以理，动之以情，让孩子的朋友了解你善意的动机

和故事中的蕾蕾妈妈一样，当彤彤不肯"出卖"朋友告诉自己蕾蕾的秘密时，她说了一句："只有你告诉我了，我才知道问题出在哪里，才能使蕾蕾摆脱烦恼呀，你愿意帮助你的好朋友吗？"这样的理由打动了彤彤，因为她也希望可以帮助蕾蕾。孩子都是单纯的，当他了解你善意的动机后，一般都愿意与你"合作"，为自己的朋友解决问题。

2.尊重孩子的隐私，有些秘密不可窥探

我们提倡家长与孩子的好朋友保持沟通，并不是要家长去窥探孩子的秘密。儿童拥有秘密是很正常的事情，家长即使知道了这一秘密也不可指出来，这样孩子才会体会到家长对他的尊重，从而可能愿意主动谈及自己的某些秘密，而不需要你通过他的朋友了解。

3."秘密"沟通，绕开孩子，了解他的心理变化

和孩子的好朋友保持沟通，并不是监视孩子，而是了解孩子的心理变化，以便及时对孩子进行引导，所以家长最好不要让孩子知道，因为孩子并不能理解家长的良苦用心，甚至会生气，孩子之间的友谊也会产生危机。此时，你的好心可能就办了坏事。

其实，孩子之间的秘密之所以不愿意让家长知道，是因为家长总是用高高在上的姿态去教育他们。如果家长换一种姿态，不是高高在上的指导者，而是地位平等的朋友，也许孩子就会把自己的小秘密告诉家长。所以，家长与孩子的好朋友保持沟通的目的，是增加了解孩子心理变化的渠道，为做孩子的知心朋友打下基础。

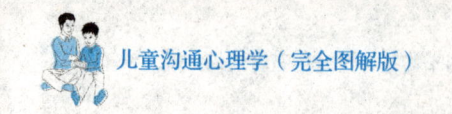

换个沟通方式，孩子最烦父母的唠叨

大宝是某小学三年级的学生，也是一个三口之家的独生子，他就是家里的"小皇帝"，爸爸妈妈生怕他遇到什么不开心或者委屈的事。可以说，除了工作外，他们把所有的精力都投入到大宝的身上，而大宝也一直感觉自己很幸福。

可是自从大宝上了小学后，大宝的爸妈发现，大宝变了很多，好像心里总是有很多秘密似的，也不主动与他们沟通，这让他们很担忧。为了改善亲子关系，在大宝生日那天，他们特地带着大宝去了他最喜欢的自助餐厅。

来到餐厅后，妈妈取了很多大宝爱吃的食物，然后和爸爸一起对大宝说："生日快乐！"他们本以为大宝会开心地一笑，没想到大宝很冷淡地说了一句："谢谢！"这让他们很意外。

"你不开心吗？记得你以前最喜欢我们给你过生日了！"妈妈疑惑地问。

"没什么，吃吧！"大宝依旧低着头，轻声说。

"大宝，你要是遇到什么学习上的问题，一定要跟妈妈说。"妈妈继续说。

"真的没什么。"大宝已经有点不耐烦了。

"可是你今天真的很不对劲啊，你要是不跟我说的话，明天我去学校问老师。"

"你怎么总喜欢这样啊，烦不烦？"大宝的分贝提高了很多。

这时，爸爸打破了母子之间的尴尬，笑呵呵地说："我们儿子长大了啊！儿子说说，今天在学校都发生了什么新鲜事儿啊？"

大宝抬起头，淡淡地说："没什么事儿，每天都一样上课、下课。"爸爸也不知如何接话，饭桌上一片沉默。

我们发现，这段亲子间的对话毫无效果。其实原因是多方面的，作为母亲，大宝的妈妈在沟通技巧上还有待学习与提高：干巴巴的道理唠唠叨叨个没完没了、讲话的语气咄咄逼人，这都会让孩子觉得很烦，自然不愿与你继续交流。

作为父母，我们都知道，孩子总是孩子，需要父母的呵护，尤其是处于心智尚未成熟的童年时期，一个不小心，孩子就可能学习成绩下滑，或者结交一些不良朋友等，因此，多半时候，我们都会对孩子的一举一动相当敏感，总是担心他们这个弄不好，那个弄不好。其实父母应该相信孩子，给孩子独立的空间。有的时候孩子的一些行为，父母不认同，其实只要不是原则上的错误，不如让孩子自己去碰碰钉子。

我们忽视的一点是，孩子也是人，也希望得到他人的承认和尊重，慢慢长大后，自我意识也开始萌芽，他们不愿意再像婴幼儿时期一样服从家长和老师，希望获得"大人"一样的权利，因此，青春期的孩子最讨厌的就是父母的唠叨，他们会觉得父母很啰唆！

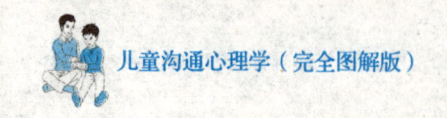

父母本来应是孩子最愿意倾诉衷肠的对象，但不少父母往往把关心当成了唠叨，招来孩子的厌烦。虽然儿童也渴望倾诉、渴望理解，但他们更需要父母采取正确的沟通方式，那么，父母在这种情况下应该怎么做呢？

儿童心理学专家建议：

1.少说话，善于察言观色

日常生活中，父母对孩子的关心不一定全部要通过语言表达，不妨学会察言观色，从一些小细节上发现孩子细微的变化。

即使与孩子交流，我们也要对孩子的反应敏感些。孩子对谈话内容感兴趣时，可将话题引向深入，一旦发现孩子有厌烦情绪，就应立即停止，或转移话题，以免前功尽弃。另外，即使找到交流的话题，也应力求谈话简短有趣、目的明确，切忌啰唆，以免造成切入点选择准确，但交流效果不佳的情况。

2.用"小纸条"代替你的唠叨

沟通不一定"用嘴说"，用小纸条也是不错的方法。

小杰是个单亲家庭的孩子，他的母亲在他3岁的时候就离开了。他的父亲就身兼母职，独自抚养小杰。父亲经常出差，出门前总会在冰箱上留一个便条："里面有一杯牛奶，三个西红柿，请不要忘记吃水果。"也会在写字台上留张条："请注意坐姿，别忘了做眼保健操。"等。

多年以后，小杰考上了大学，父亲为他整理东西时，竟然发现他把这些纸条全揭下来并完整地夹在书本中。父亲的眼睛一下子湿润了——原来孩子的情感之门始终是向自己敞开的,对自己的关爱也始终珍藏在心底。

3.关心孩子不一定非得询问学习状况

2007年《钱江晚报》曾经发表过一个调查结论:"在与孩子沟通的问题上,家长指导孩子学习的占70%,这就是问题的症结所在。"孩子的成才应该是全方位的,只抓孩子的学习,对孩子全面发展极易产生负面的"蝴蝶效应"。这些,是在对任何年龄阶段的孩子实施家庭教育的过程中都应该避免的。

为此,作为父母,我们若想和孩子沟通,就需要多关注孩子除了学习外的其他方面,如果你的儿子是个球迷,那么,你可以默默帮孩子收集一些信息,孩子在感激后自然愿意与你一起讨论球技、赛事等;如果你的孩子爱唱歌,你可以在节假日为孩子买一张演唱会门票,相信你的孩子一定备受感动,因为他的父母很贴心、明事理。

这种类型的交流是"润物细无声"式的,它没有居高临下的威迫感,极具亲和力,孩子也容易打开心扉,与父母交流。

当然,让孩子打开心扉,与孩子交流的方式方法远不止这些。但总的原则是:一定要让孩子觉得父母是在真正地关心他,并且是发自内心地关心。与孩子沟通,选择一个合适的场所。牛女士一直在国外工作,她的儿子小达也就一直住在外婆家里。两年前,小达要上小学了,牛女士意识到儿子教育问题的重要性,就回国了。这两年以来,母子俩相处得不错,可是小达似乎总是对她畏惧三分。最近，牛女士准备让小达参加口算大赛，当她问儿子的想法时，没想到儿子回答："妈妈，我不想参加。"

"为什么？"

"没为什么，就是不想参加。"小达的回答让牛女士很不高兴。

"为什么？你还好意思问，你这两年住在家里，这孩子一点都不高兴，无论是考试还是大大小小的比赛，只要小达发挥得不好，你就责怪，还在亲戚面前说他，他已经8岁了，是有自尊的，我只知道我那个活泼、自信、开朗的外孙已经不见了，这孩子现在一点自信都没有，还参加什么大赛！"在厨房干活的小达外婆生气地对女儿说了这一番话，牛女士若有所思。

为人父母，我们除了给孩子生命，还需要教育他们，孩子犯错了，批评管教少不得，但孩子的心灵是脆弱的，我们批评教育孩子，一定要选择好场所，不可伤害孩子的自尊。

不少父母感叹：现在的孩子是不是青春期越来越提前了，就连儿童也开始有逆反情绪了？其实，对于儿童来说，他们已逐渐产生自我意识，对父母和老师不再"唯命是从"了，往往嫌父母和老师管得太严、太啰唆，对父母和老师的教育容易产生逆反心理。更为严重的，有些孩子会对父母产生对抗情绪，即你要求我怎样，我偏不这样，若此时父母不理解孩子，对孩子严加控制，会直接影响亲子关系，孩子甚至会离家出走，走上犯罪的道路。

到底怎样和孩子沟通？其实，很多时候，只有沟通的愿望是不够的，还要讲究方法，选择合适的沟通场所就是其中一个。

有些父母认为，和孩子说话，当然是选择家里了，其实也不一定，要视具体情况而定。

1.表扬孩子的话，在人前说

哪怕是孩子也知道什么是面子，他们获得了好的成绩，一定都希望得到父母的肯定，希望获得他人的认同。如果我们能理解孩子的这种心理，在人前表扬他，让大家看到他的成绩，一定会让他更有自信。

2.批评孩子的话，关起门来说

有位家长在谈到教育孩子的心得时说：

"有一天晚上，吃过晚饭以后，我打开自己的邮箱，发现有儿子的一封邮件，邮件的内容是：'妈妈我给你说件事，你以后批评我时私下和我说，别在别人面前说我不听话，不然很没面子。'我很庆幸，孩子能给我提出来，而不是闷在心里。但同时心里也好酸，心情也久久无法平静，从前真的没有考虑儿子的感受，他已经12岁了，也知道什么是面子，孩子的心是多么的敏感脆弱。于是，我给儿子回了封邮件，向他保证以后不在别人面前批评他了。"

的确，孩子都是渴望表扬的，他们都有自尊心。与孩子沟

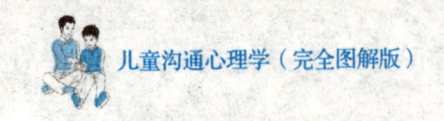

通,尤其是批评孩子时,我们一定要选择好场所,不可在人前批评,伤害孩子的自尊。

总的来说,我们可以总结出:如果你是要鼓励和赞扬孩子,可以选择人多的场合,让大家都看到他的成绩,当然,如果你的孩子容易骄傲的话,则应避免人多的场合;如果涉及隐私问题,或者是指出孩子的失误、缺点,或者批评他,则应该在私下里进行,选择没有别人在的场所。因为无第三者的环境更容易减少或打消其惶恐心理或戒备心理,从而有利于谈话的进行。这样还可以避免当众伤害孩子的自尊心,利于孩子说出心里话,加强你与孩子之间的沟通。

另外,如果你需要和孩子静心交流,则应该选择一个平和安静、风景美丽的地方,因为这样的地方可以让彼此心平气和,心情舒畅,易于接受对方的意见。例如利用周末或假期,带孩子到公园或风景游览区,一边游玩,一边说说悄悄话,这样的沟通和交流一定会起到很好的效果。

与孩子沟通别只关心学习

"女儿刚上小学,一年级第一学期期中考试考了个双百,全家人都很开心,女儿更是兴奋不已,第一学期期末考试又是双百,自然又是一番庆祝。当时我感觉这样下去不一定是好事，但是也没有太在意。一年级下学期，平时测验试卷拿回家的时候，只要是满分，女儿总是神采飞扬地和我们谈论，只要不是满分，女儿就像犯了很大错误似的，头低得很，甚至不敢和我们交流。我逐渐意识到这里的问题了，我告诉女儿，不要在意这些分数，无论是平时的测验，还是期中期末的考试，都只是对你这一段时间的学习进行检查，看看哪些知识真正掌握了，哪些知识还没有吃透，然后再对没有吃透的部分进行复习，争取掌握就行了，考满分固然欢喜，考两个零分回来，我们也不会批评你的，不要有太多的想法和压力了，快乐学习最重要，即使是零分，我们只需要知道为什么，然后去总结，继续进步就行了，你还是最棒的。通过一系列的开导，女儿终于学会轻松地去学习，轻松地去考试了。"

这位家长的做法是正确的，只有不过分地功利性地学习，孩子才能轻松地学习，他的潜能也才能得到发挥。

作为父母，引导与帮助孩子提高学习成绩，本来是无可厚非的，但不可过分看重分数，要重视孩子的全面素质教育，以利于孩子全面成长。父母应通过对孩子的教育，发掘孩子所蕴藏的潜能。从未来社会对人才的要求来看，真正能在社会上获得很好发展机会的人才，都是具备很好的创新能力的人，因此，父母在沟通时，不要为了追求短期的效应，让孩子有太大的压力，否则，总有一天孩子会被压垮的。不要让分数成为孩子的枷锁，让孩子快乐地学习和成长，才是父母应该做的。

那么，在学习方面，父母与孩子沟通，需要注意什么呢？

1.沟通时不要只关注孩子的名次

当我们把沉重的分数、名次强加在孩子身上时，实际上是剥夺了他对丰富多彩的生命的体验，剥夺了他的人生选择权，剥夺了他的快乐和健康，我们这是在爱他还是在害他？

好学成性的孩子、终身学习的孩子会越学越有劲头；为考试、为名次学习的孩子，学到一定时候就会厌倦、痛恨学习。这是教育成功与否的分水岭。只要孩子肯钻研、爱学习，不管成绩怎样，都是值得赞赏的。相反，孩子一心就想得高分、获好名次，那才是值得警惕的。

2.少提分数，多说孩子的学习效果

作为父母，在与孩子沟通、督促孩子学习的时候，不要只提孩子的考试分数，应该多说孩子实际的学习效果。不能仅以分数作为评价孩子学业水平的唯一标准，要以一种平和的心态对待孩子的考试分数，孩子考好了，不妨进行精神鼓励；孩子考试成绩不理想，要帮助孩子认真分析，找出失误的原因，并鼓励孩子继续努力，这样孩子才会情绪稳定，自信心增强，身心各方面才会健康发展。

3.引导孩子全面发展

一个只专注于某一方面特长或者某一爱好的孩子，一般在此方面投入的精力更多，期望也就越多，但"人外有人，山外有山"，即使他们这次成功了，也并不代表他们永远成功。而

如果我们能培养孩子多方面的能力、兴趣、爱好等，那么，孩子在拓宽视野的同时，也会学习到各种抗挫折的能力、知识、经验等，具有较完善的人格，这对于提高孩子的自理能力、交往能力、学习能力和应变能力都有很大的帮助，也有助于他们获得独自战胜困难的勇气和方法。

4.承认孩子存在差异

孩子在学习能力和方法以及智力上都是有差异的，其实，很多孩子都明白学习的重要性，感受到竞争的压力。但由于智力和非智力的因素，孩子的学习成绩总会有差异。父母要做的是认真了解情况，听听孩子的解释，不能武断地得出孩子学习不努力、不用功的结论。要以尊重平等的态度和孩子一起分析、解决学习中遇到的问题，帮助孩子掌握适合的、有效的学习方法，制订适当的目标。

5.孩子考试失利时给予宽容和鼓励

父母永远是孩子受伤时停靠的心灵港湾，孩子考试失利时，他已经非常难过了。这时候，父母一定不要刺激孩子，在孩子的伤口上再撒上一把盐，而要给予宽容和安慰，对孩子说"下次努力"，使孩子把目光转向下一次机会。

总之，作为家长，我们要让孩子明白，积极参与竞争是对的，但是不应该把"第一"当成竞争的唯一目的，而更应该在参与过程中培养良好的品质，如遇事冷静、沉着、性格开朗等。这些品质比"第一"重要得多。

第4章

情感式沟通：用心交流，孩子才愿意信任你

不少父母感叹：孩子越长大越孤立，不愿意再向自己倾诉了，甚至开始对成人的教育产生怀疑。其实，他们是渴望倾诉的，但由于父母错误的沟通方式，他们无法与成人建立信任。这需要家长予以反思，作为父母，我们教育孩子，除了要给孩子一个好的成长环境外，还要找到与孩子沟通的方法，体贴和帮助孩子，只有这样，才能让孩子对你敞开心扉。

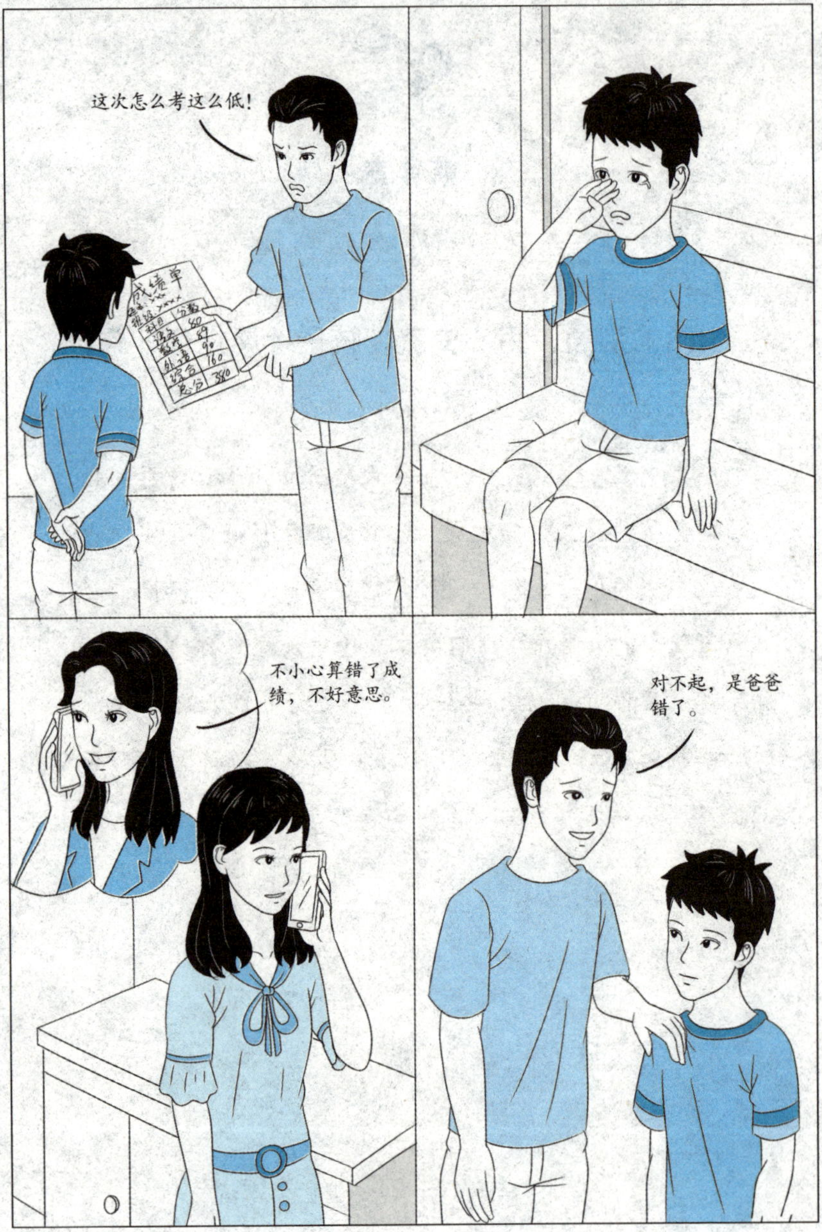
这次怎么考这么低！
不小心算错了成绩，不好意思。
对不起，是爸爸错了。

不要因为忙碌，而忽略对孩子的关注

艳艳是个可爱的女孩，现在的她已经10岁了，任何人初次见到她，都会忍不住和她多说几句话。但接下来，艳艳就会表现出很黏人的样子，甚至想一整天跟别人在一起，于是，很少有小伙伴愿意和她玩。

其实，艳艳很可怜，她刚出生，父母就离婚了，爸爸把她交给保姆带，而这个保姆除了定时给艳艳做饭外，也不怎么和艳艳说话。艳艳黏人，是因为她渴望被人关心，渴望和人说话。

从心理学的角度来分析，艳艳之所以会养成过度依赖的性格，是和父母对她的教育有极大关系的，她的父母因为离婚没有给她足够的爱，而她渴望爱才逐渐养成了这种性格。

我们不得不承认，孩子在成长的过程中，总是会遇到这样那样的问题，这需要身为父母的我们进行引导，对孩子幼小的心灵进行呵护。而一些父母因为工作的忙碌而忽视了与孩子的沟通，他们认为，教育孩子，只要让他们努力学习即可，实际上，学习知识只是教育孩子的一个方面而已，家庭教育的一个重要职责是让孩子拥有健康的心理素质和独立完善的人格，否

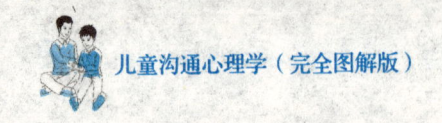

则,孩子永远无法独立于世。

北京大学儿童青少年卫生研究所公布的《中学生自杀现象调查分析报告》显示:中学生5个人中就有一个曾经考虑过自杀,占样本总数的20.4%,而为自杀做过计划的占6.5%。其根源都与心理承受力有关。

我们的孩子将来会生活在一个更多变化的社会,他们将会面对职场的激烈竞争、复杂的人际关系,也免不了一生中遭遇情场失意、事业困境、竞争败北……总有一天,我们要先我们的孩子而去,如果孩子没有过硬的心理素质和健康的心理状态,如何在这样复杂的环境中生存呢?

所以,作为父母,要时刻观察孩子的行为动态和心理变化,关注他们的身心健康,让孩子感受到来自父母的爱,一旦发现他们有出现心理问题的苗头,就要及时做好指路人,帮孩子疏导心理问题,以防问题积压,酿成大错。

作为家长,要这样做:

1.为孩子营造和谐的家庭环境,让孩子愿意与父母沟通

父母、家庭成员之间相亲相爱、关系和谐,是解决孩子所有问题的前提,在这样的环境下成长的孩子出现心理问题的概率更小。对此,专家建议,家长应为孩子营造一个安定、和谐、温馨的家庭氛围,要让孩子纷乱的心安定下来,这样孩子才会愿意与父母沟通,也才愿意敞开心扉接纳来自父母的帮助。

2.随时观察孩子的情绪和心理变化

在生活中,父母不要只关心孩子的学习成绩、名次,也要关心他们的情绪变化,如孩子在学校有没有受到什么委屈,学习上是不是有挫败感,最近跟哪些人打交道等。当然,了解这些问题,我们要通过正面与孩子沟通的方法,不要命令孩子告知,也不可窥探,只有让孩子真正感受到来自父母的关心,他才愿意向你倾诉。

事实上,我们的孩子都是脆弱的、敏感的、容易受伤的,当孩子出现不良情绪时,要让孩子尽情宣泄,让他去哭个涕泪滂沱,而不是劝孩子"别哭别哭""男孩子不能哭"这样的话。告诉孩子:"我知道你很难过。"或者什么都别说,给孩子独处的空间和时间去消化不良情绪,帮孩子轻轻带上门就好。

3.压力是百病之源,帮孩子卸下心理压力

曾经一则调查报告显示:在被访的学生中,有35%称"做中学生很累",有34%表示有时"因功课太多而忍不住想哭"。对于孩子遇到的高强度的学习压力,不少父母给予的并不是理解,而是继续施压。让很多父母恐慌的是,在被调查的学生中,竟然还有1/5有过"不想学习想自杀"的念头。

总之,父母要明白,家庭教育对孩子极为重要,我们再忙,也要重视与孩子沟通,平时多注意观察孩子情绪、心理情况。如果发现孩子出现情绪、心理问题,首先要做的就是从自

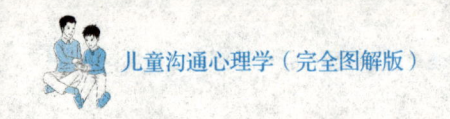

身找原因,然后与孩子进行沟通,找到适合的、科学的方法教育和引导孩子。

信任孩子,孩子才愿意敞开心扉

有人说,当父母其实是一连串自我修炼的过程,尤其是要学着与孩子沟通,学着去欣赏孩子看似"脱轨"的行为。重视孩子的意见和情绪则是最基本的,也许你觉得孩子说的话、做的事有些问题;但当面对孩子时,你必须时时刻刻自我反省,看看自己是否在父母角色上扮演得恰如其分。在这些修炼中,对孩子的信任无疑是最基本的,信任是亲子间沟通的基础。

相信你的孩子,就是相信你自己,这是对孩子也是对作为家长的你的肯定,倘若没有人对孩子的能力表现出信任,认为他值得得到爱、支持和关注,任何孩子都不可能相信自己。

曾有一位家长感慨地说:"我无法和女儿交流沟通,我们的距离越来越远,我想我把女儿弄'丢'了。8月中旬,我与即将上三年级的女儿发生了一场激烈的争吵。直接原因是女儿在我下班一进门时提出要去参加学校的朗诵比赛,一等奖的奖品是'背背佳',我不假思索地一口否决了,'不去,妈妈给你买'。当时,我没解释、没商量,也没了解孩子的心理。结果,我话音刚落,她的眼泪就'唰唰'地流下没完了。看到她

这样，我就更生气了，大声问道：'你认为你能行吗？'就这样，她一句，我一句，各说各的理，嗓门越说越大，声音起来越高。一气之下，我嚷道：'我不管了，让你爸爸管吧！'便拿起澡筐往外走，女儿也扯着嗓门给我一句：'你不相信我就是不相信你自己！'"

这位女儿的话不无道理，孩子是父母一手教出来的，对孩子能力的否定同样是对自己的能力的否定。只有相信自己的孩子，给他尝试的机会，才能让孩子有历练的机会，他才会成长得更快。

成长是一个美妙的过程，而对于作为教育者的父母来说，这个过程却是艰辛而忙碌的。懵懂的孩子，要面对太多诱惑，经历太多挫折。正如这位妈妈一样，家长要想不"丢失"自己的孩子，光靠管束和告诫是行不通的。要了解孩子的思想，就必须和孩子建立起互相联系的"精神脐带"——沟通，不断地给孩子输送父母爱的滋养。

孩子的自尊心较强，会自然而然地认为自己能干，拥有明确、正面的自我意识，从积极的角度看待自己。自信的孩子对自己能够做成什么样的事情、取得什么样的成就持乐观态度。他们可以提高自己的要求，坚守自己的原则，开发自身的潜能。缺乏自信的孩子总是在自我怀疑，这使得他们易于产生内疚、羞愧之感，觉得自己不如他人。生活中，很多父母认为自己是爱孩子的，但却不知道什么是真正平等地去对待自己的孩

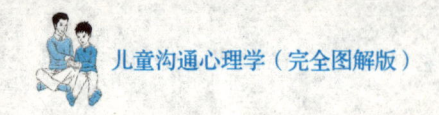

子，他们以为坐着和孩子讲话就是沟通，其实那只是形式上的平等。他们并没有真正以平等的心去待孩子，因为他们不相信自己的孩子。

家长要信任自己的孩子，就应该明确以下三点内容。

（1）信任和相信他决断事情的能力、完成任务的能力、自己照顾自己的能力，以及当他足够大时负责任的能力。

（2）以他确信的方式向他表明你爱他、喜欢他。

（3）不要有如下的想法："我以前没有得到过或不需要他人帮助，他也一样。"他与你是不同的。而且，没有得到他人帮助的人常常将之说成"不需要他人帮助"，以掩饰自己的失落。相信孩子，并不是对其放任自流，而应该给他足够的爱。

要做到以上这些，父母必须从爱的基点出发，发现、发掘、抓住、肯定孩子的每一个优点和每一点进步；相信孩子的表现形式和落脚点就在于对孩子的赞许、鼓励、夸奖、表扬……相信你的孩子，才是真正地爱他，孩子也才会愿意对你敞开心扉！

父母错了也要勇敢向孩子道歉

日常生活中，父母和孩子都避免不了做错事，但是孩子向父母道歉的情况比父母向孩子道歉的情况要多。因为一般都觉得孩子容易做错事，父母也经常教导他们要有礼貌，做错事就要道歉。对于孩子来说，他们通常都不知道父母有错，也觉得父母不会那么容易做错事；父母则认为自己一般能做对，即使做错事了也不需要道歉，他们觉得自己处在一种比较高的地位。这样做的直接后果是，给孩子树立了一个不负责任的负面形象。

现代教育要求父母与孩子沟通，就是要父母不能把教育放在绝对两极的位置，父母做错事了，就应该向孩子道歉。但有些父母知道是自己错了，却碍于面子，总是硬撑着、扮强势。其实，向孩子说一句"对不起"，不会有损父母的权威，反而会构建起一个平等的交流平台。更为重要的是，父母起到了以身作则的作用，可以给孩子树立一个负责任的形象。

闲谈式的情感交流，营造轻松的沟通氛围

周末，刘女士敲开儿子房间的门，把晾干的衣服放进儿子的衣柜里，然后帮他稍微收拾了下房间。她边收拾边对儿子说："儿子，妈妈想跟你谈谈可以吗？"

儿子："什么事？"

妈妈："妈妈知道你最近交了几个朋友，他们对你也很好，但是他们毕竟是社会青年，不像你那么单纯，妈妈不阻止

你跟他们来往,但妈妈希望你能多留点心,保护好自己。"

儿子:"嗯,谢谢妈妈提醒,我明白,我会跟他们保持距离。"

这里,刘女士与儿子的沟通是很随意的,儿子也很容易接受。假如刘女士劈头盖脸地问儿子是不是与社会不良青年来往,恐怕会招致儿子的反感。

的确,与孩子沟通,闲谈式的情感交流,有利于营造轻松的沟通氛围,如果我们不注意与他们沟通的方式,那么,很容易造成亲子间的沟通障碍,甚至产生矛盾。

生活中,不少父母发现,孩子总是故意和自己作对似的,总和自己唱反调。很多父母感叹:"我让他往东,他就是往西。""我说的话,他就没有听过。"的确,可能你的孩子已经有了一些逆反情绪,而主要原因在父母,孩子毕竟是孩子,他们的情绪掌控能力欠缺、情商也需要提高,作为父母,我们应该主动寻找最佳的沟通方法。

我们强调闲谈式沟通,即家长尽可能创造或利用与孩子相处的机会,不失时机地与孩子进行闲谈,将有意识的谈话内容淡化在自然随意的形式中。可以谈些孩子感兴趣的事情,缩小彼此的距离,并适时地抓住孩子谈话中某些可以"抒发情感"的内容,真诚地道出自己的心理感受,显得自然得体,给孩子创造一个表达情感世界的机会,让孩子对父母产生亲近感和朋友式的信任感。而在这种关系下,父母的说服教育也易于被孩子接受,作为回报,他也会在日常活动中表现出理解、合作的态度。

父母要鼓励孩子有自己的思维方式,不要培养那种盲目听话的"乖孩子",因为"乖孩子"真正有创造性的不多。当然,并不是说"不听话"的孩子就一定聪明,有创造性。孩子的"听话"应更多体现在生活规矩、行为道德上,而青春期孩子天性叛逆,有自己的想法,父母应进行正确的引导。

童话大王郑渊洁说他从来没有对自己的孩子高声说过一句话,也从来没有说过"你要听话"。"因为我觉得把孩子往听话培养那不是培养奴才吗?"因此,你不妨告诉孩子:"爸妈并不是要你盲目地听我们所说的每一句话,什么都听话的孩子就是庸才。"这样说,会很容易让孩子感受到父母对自己的理解。

第 5 章

孩子需要尊重：平等对话，帮助孩子建立自信

我们都知道，孩子的世界和成人的世界是不同的，对于他们成长中的很多事物，孩子与成人的看法和意见都不同。面对这种分歧，父母应先尊重孩子，尊重他们的个性、兴趣、看法等，与孩子平等对话，孩子才有更多的生活体验，才能成长得更快。假如我们剥夺了孩子的这种权利，那么，他们就体验不到这种乐趣，也会变得越来越没有自信。

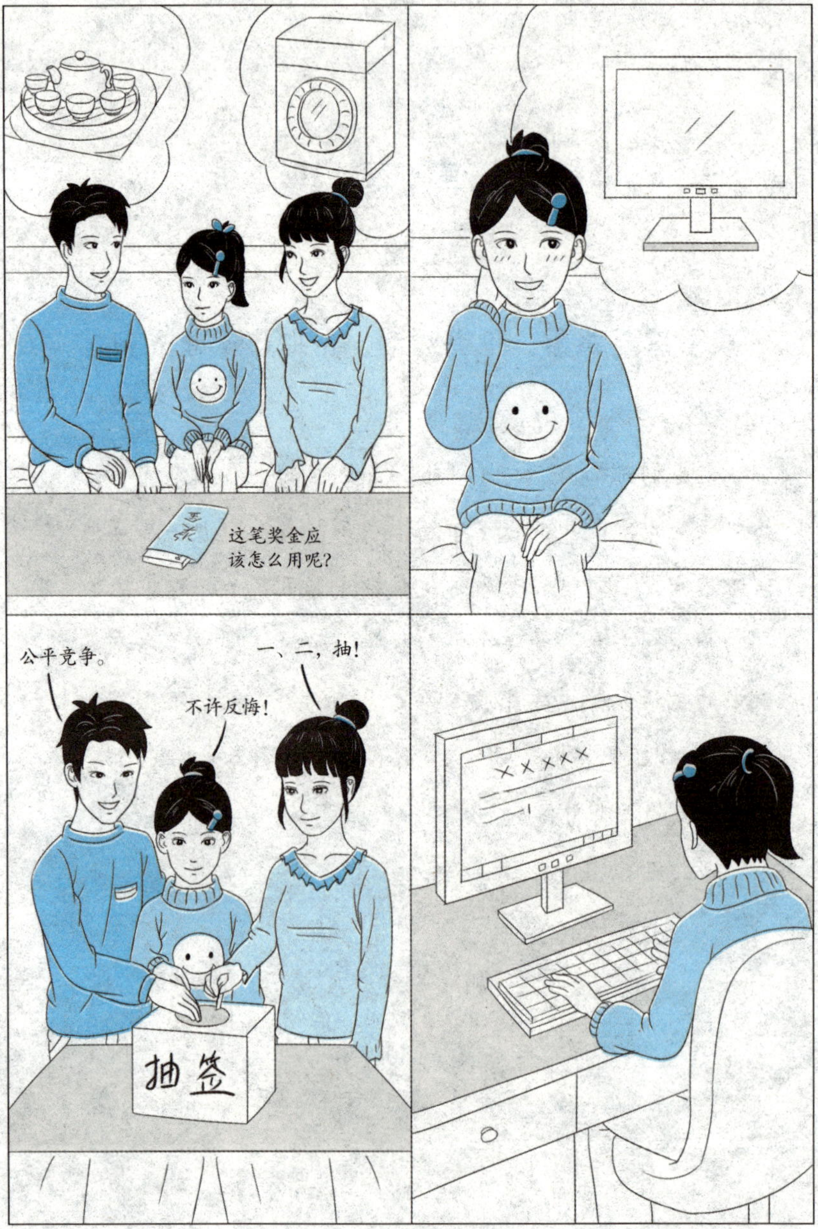
这笔奖金应
该怎么用呢?
公平竞争。
不许反悔!
一、二，抽!
抽签

尊重孩子的隐私是保护孩子自尊心的开始

丽丽是某校一名四年级女生。有一天,她在上学路上突然想起昨天晚上的作业忘记带了,又急忙掉头往家跑。她掏出钥匙打开家门时,看到妈妈正从自己的房间里出来,脸上带着不自然的表情。丽丽推开自己的房门,她愣住了,她看到自己书桌的抽屉全部敞开着,自己的日记本、同学们送的生日礼物及贺卡等全都胡乱地堆在桌子上。

丽丽非常生气地质问妈妈:"你为什么翻我的抽屉,随便动我的东西?"

没想到妈妈却比她还生气:"怎么了?当妈妈的看看女儿的东西还有错吗?"

"可是你应该经过我的允许才能看啊!"丽丽很愤怒地回答妈妈。

"小孩子有什么允许不允许的,别忘了我是你妈妈,好了,快去上学吧!"妈妈毫不在乎地对丽丽说。

生活中,这样的场景并不少见,在父母看来,他们偷看孩子的日记、检查信件、追查电话、查阅短信、翻查书包等都是小事。他们认为孩子毕竟还小,他们这样做是在关心孩子,一切都是为了孩子的成长，防止孩子走入歧途。孩子也许会了解父母是出于对自己的爱护，但是，孩子会感到不舒服，觉得父母的这些行为都是对自己的不信任、不尊重，伤害了自己的自尊心。于是，有些孩子总爱给自己使用的抽屉上一把锁，在父母和自己之间挖掘一道鸿沟。

的确，日记引起的冲突通常是一个令人伤感的话题。孩子们因父母要查看日记而愤懑苦恼，父母因孩子对自己的回避而坐卧不安。而实际上，有时候，孩子写日记，并不是因为孩子有什么见不得人的秘密，只是他们认为自己的隐私应该受到尊重。

的确，希望自己的隐私被尊重是每个孩子的心理需求，他们希望有自己的空间。孩子也有隐私权，如果他们感到自己的隐私权被侵犯了，就会感到无处藏匿，感到羞辱气恼，产生令父母惊讶的激烈的情绪反应。

很多父母可能认为，孩子的生命都是自己给的，哪里还有什么隐私，因此，提到孩子的隐私问题，都会觉得不以为然，父母看看孩子的聊天记录、手机短信、日记，这都是天经地义的事。这正是一种不懂尊重他人的表现。

孩子在慢慢长大，他们渴望父母能给自己更多的空间，而有些父母总是想控制子女、管制子女、设计子女。适当的控制是必要的，但随着年龄增长，孩子必须自觉和自律，父母要给子女以自主的空间，要尊重子女自主的空间。父母干涉过多，是很多孩子不快乐的原因。"最讨厌的事情就是父母偷看我的短信。""上网聊天也要偷着瞧,一点自由都没有,真烦!"这恐怕是很多孩子的心声。但父母却左右为难:"我们不看的话,怎么知道孩子整天在想什么。"如何在父母的知情权与孩子的隐私权之间取得平衡呢?

1.不看也罢

可能每一个家长在查看孩子的日记前,都会给自己一万个理由,但最大的理由莫过于你不适应孩子已经长大的事实,不适应与孩子在某种程度上的精神分离。静下心来想,我们可能会发现,促使我们这样做的主要原因是情绪上的某种需要。

当我们看到孩子带锁的日记时,可能会本能地认为:孩子不再对我们敞开心怀,孩子开始躲避我们关注的目光。每一个敏感的母亲都不会对此无动于衷。无可奈何之中我们会感到有点委屈:"我养你这么大,怎么连看看日记也不可以啊!"其实,孩子的这些隐私不看也罢。

2.要注意引导方法

父母偷看孩子的日记,查看短信等,出发点并不坏,他们担心子女出事,有时也确实是为了更多地了解子女。但是,这种方法是不可取的。对于孩子的某些问题,要重在引导,要根据孩子的选择给他自由,不能多加干涉。即使你想了解孩子,也并不一定要以窥探孩子隐私、牺牲孩子隐私为代价,而应该把孩子当朋友一样相处，充分尊重孩子的人格与隐私，给孩子一个相对独立的空间，通过平等对话，交流情感，让孩子主动敞开心扉，把内心的秘密告诉父母。亲子间多沟通，通过沟通了解孩子心中的秘密。尽量帮助孩子减少不必要的秘密，以减轻他们的心理负担。

3.培养孩子对自己的信任感

信任感的建立，是从生活中的一点一滴积累起来的，兑现对孩子的承诺，不能兑现也得说清理由，取得孩子谅解。承诺为孩子保守秘密，就一定要守信。同时，家长可以根据自己孩子的年龄不断改变监管的力度和方法。平时多和孩子谈谈心，学会信任孩子，家长应当将孩子当作一个完整和独立的人来看待，学会尊重孩子，学会理解孩子。

人人都有不愿告诉别人的私事，这便是隐私。个人隐私应得到尊重，法律也规定保护个人隐私不受侵犯，这便是隐私权。大人的隐私权且不说，孩子的隐私权受侵犯是常见的事。因此，作为父母，要主动改变观念，改变单一管理孩子的方法，不要再把孩子当成你的附属品了，你需要把孩子当成一个具有完整人格的独立人来平等看待。尊重孩子，从尊重孩子的隐私权开始。

孩子的自尊心该怎样维护

小宁已经3天没回家了,这让周先生和妻子急得如热锅上的蚂蚁。小宁一直是个很乖巧听话的孩子,还是班长,这次怎么突然说不见就不见了呢?

给学校打了几次电话之后,周先生才了解到,原来前几天儿子代表学校参加了全市小学生朗读大赛,因为紧张,他表现不大好,没拿到奖状,被一些同学嘲笑了几句。原本儿子打算把这次的奖状当作自己12岁的生日礼物,但没想到却是这样的结果。周太太明白,小宁一直都很好强,这次的失利对他来说无疑是个很大的打击,更别说被同学嘲笑了,怪不得儿子会"玩失踪"。后来,周先生想到一个地方——小宁外婆去世前留在农村的老房子。果然,小宁就在那里,见到爸爸妈妈,小宁哭得很伤心。

故事中的小宁之所以"玩失踪",是因为失败后被同学嘲笑而感觉自尊心受到打击。的确,自尊是人活于世的根本,自尊才能自信,才能自强。作为父母,一定要维护孩子的这种自尊心,只有这样,孩子才能以健康的人格和心态去迎接未来的挑战。

可是生活中,很多父母在孩子情绪不对或者陷入困境时,不是采取鼓励的措施,而是打压或者生硬地斥责;也有一些父母,总是希望孩子能按照自己的意愿行事,导致孩子叛逆、自卑等。其实，这都是对孩子的不尊重，也伤害了一个孩子的尊严，对于处于成长期的孩子，我们只有维护他的自尊，他才会自信。

为此，儿童心理学家建议，保护孩子的自尊心，需要父母在沟通中做到：

1.尊重孩子的个性

每个孩子都是与众不同的，如同我们不可能找到两朵相同的花儿。每个孩子都有不同的感受事物的方式、玩耍的方式、思维的方式、学习的方式和享受的方式。正是这些"个别的特性"使他与众不同。

因此，家长要尊重孩子的个性，就应该对其内在品性的各个方面进行更为深刻的理解，真正地了解孩子才能根据其个性打造其独特的人生，让他更自信地生存。

2.维护孩子的面子

俗话说，"树要皮，人要脸。"孩子也和成年人一样，他们也有"面子"，也需要得到众人的尊重。当你批评他时，有没有考虑场合，考虑他的自尊心呢？

如果你总当着别人的面说"看人家多自觉，你能不能长进点"之类的话，你会发现，孩子以后的问题会越来越多，而且越来越不听话。因为你不给孩子留面子。如果你当着老师、亲戚的面数落他，那情况就更糟，他要么变成可怜的懦夫，要么成为一个偏激者。因此，父母切记：不要在别人面前说孩子太多坏话。否则，你的"抱怨"会毁了孩子的社会形象，也毁了自己在孩子心中的形象。

3. 不要总是负面地评价孩子

一般来说，如果孩子学习成绩不好或者在竞争中不断受挫，很容易产生负面情绪，此时，我们对孩子的归因引导应有一定的策略。孩子输了的时候，不出现"因为你笨"之类的评价，避免孩子将失败归因于自己能力差等内部因素，引导孩子在竞争中学会分析自己的能力、任务的难度、客观环境等，客观地进行归因。

4. 尊重孩子的观点，多和孩子交流，听听孩子的心声

"我爸爸非常专横。他不和别人讨论任何问题。他只是表明他的观点并宣称其他人都是愚蠢无知的。他总是试图告诉我该思考什么，如何做每一件事。小时候不懂事，我以为爸爸是对的，可是长大后，他还是这样，到最后我只能对他的任何话都充耳不闻。"

这是一个12岁女孩的心声，或许这也是很多这个年纪的孩子的心声。做父母的很容易因为自己的身份和智慧变得过于自信，在毫无察觉的情况下做出一些宣告、决定和断言，压制了孩子日益成长的寻求自身对事物独立看法的要求。这实际上是要让他按照你的观点和价值观来生活。这种"统治方式"造成的结果无非有两种：一是孩子变得叛逆，二是孩子变得自卑、没主见、不自信。家长要明白，你越是将自己的观点和价值观

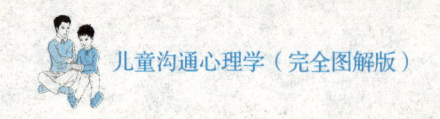

强加于他,并自以为他会与你分享,他拒绝接受它们的可能性就越大,即便一个年龄较小的孩子也是如此。

5. 沟通中帮孩子找到竞争的优势

我们要鼓励孩子,告诉他不必过分在乎别人的评价,要相信自己。每个人都不可能是全才,都有长处也有短处。帮助孩子找到自己的优点,帮助孩子建立坚定的自信,这是家长首先要做的。家长要引导孩子挖掘自己的优点,不断强化,使孩子走出自卑的困境而变得自信起来;帮助孩子发现自身优点和长处是克服害怕竞争的良方。

以上这些方式都是家长应该学习的,用正确的方式引导孩子的行为,维护好他的尊严,才不会伤他自尊,这也是让孩子维持自信的最佳方式!

自尊才能自信,父母必须维护孩子的尊严

自尊是人活于世的根本,自尊才能自信,才能自强,对于孩子来说,懂得自尊,方能自信。而作为父母,虽然无法给孩子天使的翅膀,但一定要维护孩子的尊严,这样孩子才能自信。

我们说的教育孩子,其中重要的一点就是要让孩子做个自信的人,这不仅是要给孩子优越的生活环境,让他接受好的教育,开阔他的视野,增加他的阅世能力,增强他的见识,还要让孩子

以健康的人格和心态去迎接未来的社会。让孩子自信，就必须让他有自尊心，而这种自尊心的培养，正需要父母主动沟通。

要想让孩子成为一个真正自信的人，家长就不要忘记维护他的尊严。具体说来，家长不妨从这些方面入手。

1.尊重孩子的个性

父母对孩子的看法通常都很绝对，非白即黑。他们要么是"表现不错的""成功"的，要么就是"有问题的"和"不可救药"的。要想孩子始终充满骄傲、快乐和自信，父母必须视孩子为多侧面、多色彩的、拥有多种正面人格特质和能力的人，尊重他的个性。

2.尊重孩子的喜好和兴趣

正如上面所言，每个孩子都是不同的，因此好恶也是不同的，家长要了解孩子的好恶——他喜欢吃的东西和不喜欢吃的东西，他最喜欢的运动、课余消遣和活动，他喜欢的衣服，他的特长，他喜欢逛的场所以及最有效的学习方式。迎合孩子的喜好，才能让孩子接受家长的培养方式，也才能更自信。

3.尊重孩子的观点，多和孩子交流，听听孩子的心声

年幼的孩子比较"顺从听话"，他们喜欢讨人欢心，服从他人，但你不应该利用孩子的这一特点，相反，应该着力强化他的个性和自我意识。当孩子进入儿童时期以后，在他们探求自己是谁之前，他们会从否定的角度——自己不是谁——来定位自己。这时，他们大多会拒绝接受父母的价值观。所以，父

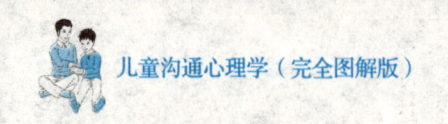

母要尊重孩子的观点，多和孩子交流，听听孩子的心声，而不是专横地要求他按自己的价值观来生活。

4.尽量少批评、多赞扬孩子

（1）在批评孩子的某一具体行为前，先想想他的优点，以帮助你对他持有积极乐观的态度，并让批评明确具体。

（2）不要使用"好"或"坏"来评价他的行为，因为他会将此视为你对他的印象。取而代之，你可以谈论你喜欢或者不喜欢他的哪些行为。

（3）在你表达不认可之时，以"刚才，我发现你……"的方式来开头。

以上这些方式都是家长应该学习的，孩子的自尊是需要家长悉心呵护的，用正确的方式与之沟通并引导他的行为，才不会伤他自尊，这也是让孩子维持自信的最佳方式。

让孩子参与家庭讨论

著名儿童教育家斯霞说："艰苦奋斗的传统失传了，独生子女宝贝得不得了，我们还能视而不见吗？我已在报上发表文章，赞成让孩子从小吃点苦，多经受一些磨炼。《较量》之争的关键是教育思想、教育方法之争。"她又说："就连我们这样的学校，也有许多家长接送孩子。送到校门口仍不放心，还要看着孩子走进教室。平时孩子要什么给什么，无法无天。这算什么爱呀？这是害孩子！家教很重要。应当让孩子吃好睡好，但不可娇生惯养。穷人的孩子早当家，这是真理。"

鲁迅先生曾说过："小的时候，不把他当人，大了以后也做不了人。"孩子们也都很希望得到大人的认可，如让孩子参与家庭理财，商讨比较重要的采购，不失为促使他们迅速成长的一个好方法。

的确，当父母的总心疼孩子，家里发生的大小事都不让孩子费心。孩子长期生活在这样的家庭环境中，很难培养对家庭的责任感。

为此，儿童心理学家建议父母，让孩子参与家庭讨论，在这样的亲子沟通中，父母把孩子当成家庭的一员，能让孩子感受到尊重，这是我们了解孩子的最好方式之一。

家长在家庭讨论中可以这样说：

1. "你其实是想说什么"

很多家长和孩子之间缺少沟通，家长只是一味地给孩子安排。还有一些父母老爱念着一些夸耀自己、贬低孩子的"咒语"，诸如："你看，我就知道你做不到。""我们那时候自觉得很，哪像你这样。"这些"咒语"潜移默化地内化为孩子对自己过低的评价，从而丧失了自己的勇气和信心。家长可以经常通过家庭讨论，来帮助孩子更好地了解和表达自己的情绪。除了温和地询问："你其实是想说什么？"你还可以给他一些参考答案,让孩子逐渐学会了解自己的内心感受。以后,即便你不在旁边,他也可以清楚地向周围的人表达自己的感受了。家长与孩子之间的亲子关系也会因此更加密切。

2."你来试试帮我解决这个问题"

这是个有魔力的句子,它可以让孩子感觉到自己是受欢迎和受尊重的,甚至肯定自己的能力,这样,对增强孩子做事的信心是大有益处的。

3."不同的人有不同的需要"

"西西有洋娃娃,所以我也要一个。""小明爸爸让他吃冰激凌,那我也可以吃。""他可以,所以我也可以"……这是小孩子最常用的跟你讨价还价的简单逻辑。家长可以借家庭讨论清楚地告诉孩子,不同的人有不同的需要。你要让孩子了解:有的东西每个人只有在他真正需要的时候才能得到。

同时,也可以听听孩子内心的声音。例如,"我真的不喜欢那件你给我买的棉衣,下次能让我自己挑吗?"

孩子也是家庭的一分子,应该给他参与讨论家务事的机会。家里的椅子坏了,房间该粉刷,是否要养宠物,这些事都可以在讨论时,让孩子帮忙出点子,再要求孩子说出为什么要这样做,有时孩子会有他的惊人之见。

虽然名为家庭讨论,但举行的方式可以是很轻松的,如选定每个月第二个星期天下午。大家可以一边喝茶,吃点心,一边讨论家务事,就算没有重要的事情需要商量,大家在一起聊天也很好，甚至可以玩成语接龙游戏、说故事、猜谜语。

请记住，家庭讨论的目的是找个时间，认真听孩子说话，一般不要随便取消家庭讨论，如果有事要取消时，一定要先征询孩子的意见，让孩子有受尊重的感觉，并且让孩子重视家庭会议。多听孩子说话，不要急着反对孩子的意见，鼓励孩子勇于表达自己，争取别人的认同。表达自己的意见是很重要的事，家长应期待孩子的意见，能让大家都听见孩子的意见，并且让孩子赢得大家的尊重。

总之，从身边的小事开始，让他参与家庭讨论，他会明白生活的艰辛和持家的辛苦，他能懂得如何经营一个家庭，这更有助于孩子独立自主能力的培养，更重要的是，在这样的互动过程中，亲子关系能得到进一步提升。

别把孩子当成你的傀儡和附属品

生活中，我们都希望孩子乖巧、听话，但要记住，孩子并不是父母的私有财产，如果希望孩子样样服从自己的安排，结果可能会适得其反。家长在言行上的矛盾教育常让孩子无所适从。父母在学习家庭教育理论知识的同时还要善于反思、总结，不断提高自己的素养、转变自己的旧观念，把理论灵活地运用到实践中去，才能有好的效果。对于父母来说，教育孩子是一个漫长而艰巨的任务，也可以说是一生的课题。总之，父母不要总是强迫孩子听话，把什么都强加给他。而这就需要父母在与孩子沟通的过程中记住：

1.不要把你的观点强加给孩子

你越是将自己的观点和价值观强加于他，并自以为他会与你分享，他拒绝接受它们的可能性就越大，即便一个年纪较小的孩子也是如此。

因此，家长要想办法弄清孩子的想法。你可以这样说："我喜欢这个想法，但重要的是你如何看待。"而不是说："太棒了，你不这样认为吗？"或者可以说："你怎么看待那个电视节目？"而不是说："那个电视节目简直就是胡说八道。"

2.不要把你的兴趣和爱好强加给孩子

大多数时候父母都会认为，孩子还小，很多事情他们不懂，我们的选择对他们才更有好处。殊不知，孩子虽小，但也有鲜活的思想和情感，有自己的兴趣。只有从兴趣出发，孩子才能自主地学习，才能学得又快又好，才能享受到学习的乐趣。

3.孩子有错时，家长应冷静

当孩子产生情绪或者做出你不能容忍的事后，向他说明你的想法和感受。你感到愤怒、难过或者沮丧时，请说出来并向他说明原因，别只是大喊大叫。

法国哲学家尤伯尔说："孩子们需要榜样，而不是批评家。"如果你的孩子看见你为他做出表率，那么，他也会学习安全而自在地表达自己的思想和感受。以下是父母需要做到的：

（1）如果你能接纳孩子的感受，那么，他就可能学会接纳、控制、喜欢或者应对自己的感受。

（2）帮助他提出要求。例如对他说："我想你现在很难过，给你一个拥抱，你会觉得好点吗？"这样的话能让他放松地表达自己的想法："我现在心情不好，我想得到一些安慰。"

（3）孩子的嫉妒、愤怒、沮丧以及怨恨的感受，应该是可以接受的，而不应该遭到惩罚或拒绝。父母应该告诉孩子，虽然可以有这样的感受，但不可因为你的感受而去伤害他人。

（4）给出一些不完整的句子，让孩子去补充完整。例如："当……的时候，我最高兴""当生气的时候，我……""当……的时候，我觉得自己非常重要""当……的时候，我感到情绪沮丧""当……的时候，我往往选择放弃""当受到斥责时，我想……"

父母告诉他要对自己的行为和情绪负责。你可以说"当……的时候，我感到非常生气"，而不要说"是你惹得我生气"。当你的孩子骂骂咧咧时，让他换一个词来表达他试图表达的内容。总之，家长应该接受孩子的所有情绪，然后帮助他排解。毕竟，孩子应该有自己的感受和情绪，这才是一个有血有肉、有真性情的孩子，而不是作为你的傀儡而存在。

有的孩子看似听话，但家长决不可认为孩子就没有自己的想法和主见。爱护你的孩子，就别让他做你的傀儡，而是应该给他一个温馨的生活氛围。这就要求父母洞察孩子的内心世界，用商量、引导、激励的语气和他交流，站在他的角度去考虑，而不是将自己的意志强加给他。也不要因为孩子尚小，就用命令的口吻对孩子说话，也不能随意斥责或辱骂孩子，更不要嘲弄、讽刺孩子。总之，父母不能因为自己的欲望让孩子生活在与自己相同的情绪平台之上，而不能自由表达自己无尽的欢乐或者深沉的忧伤，这样，会让他感到窒息。

第6章

孩子需要理解：换位思考，培养孩子好的性格和价值取向

父母感到疑惑：为什么孩子不愿意沟通？对于这一点，家长首先要反思，自己是否做到了换位思考。只有做到这一点，才能站在孩子的角度、理解孩子的想法，才能走入孩子的世界，用心体会孩子的情绪、想法、需求等，当孩子真正接纳你后，他便愿意为你敞开心扉了！

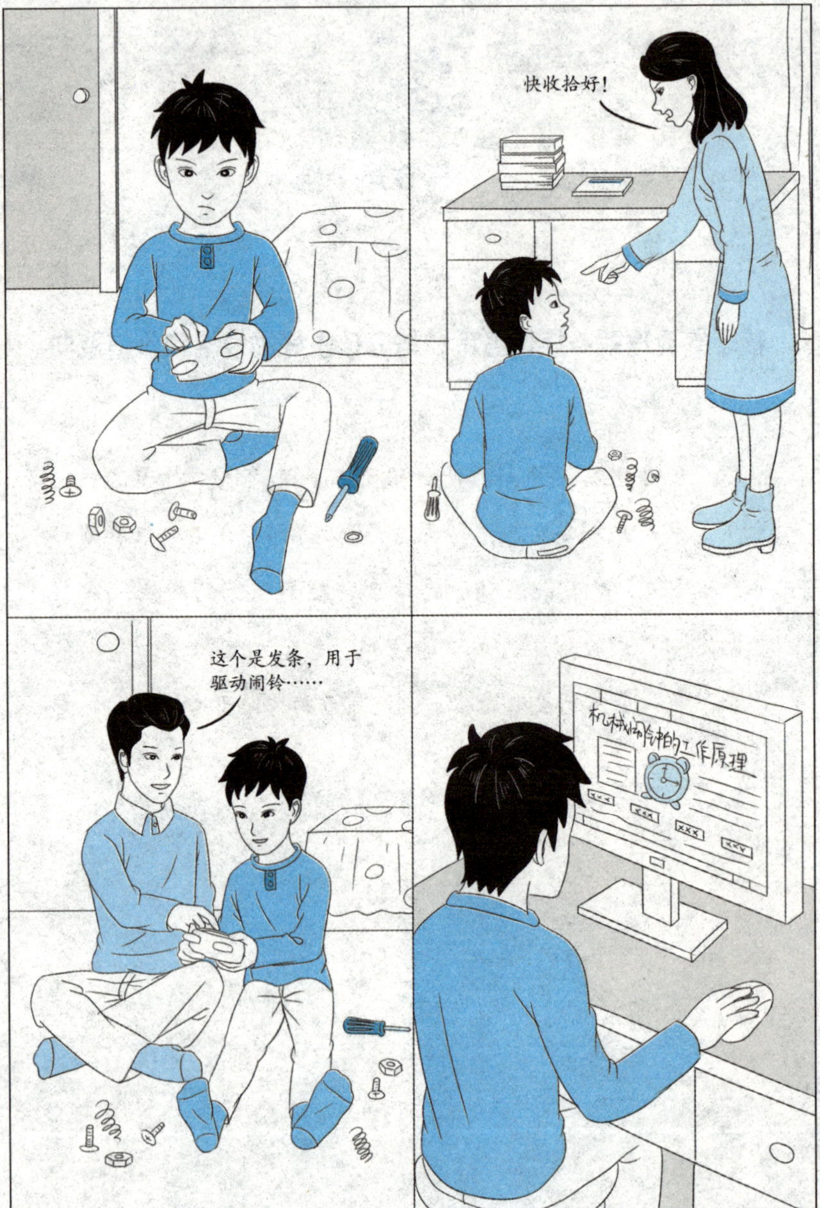
快收拾好！
这个是发条，用于驱动闹铃……
机械闹钟的工作原理

孩子的任何行为,都要辩证看待

我们都知道,爱迪生是举世闻名的美国电学家、科学家和发明家,他被誉为"世界发明大王"。他除了在留声机、电灯、电报、电影、电话等方面的发明和贡献以外,在矿业、建筑业、化工等领域也有不少著名的创造和真知灼见。

然而,爱迪生在童年时代并不是老师、家长眼里的好孩子,相反,他太调皮了。据说他把几个化学制品放在一起,让佣人吃下去,希望把佣人肚子充满气使其能飞起来,最后佣人昏厥过去。

在这件事发生以后,爱迪生家的邻居都警告自己的孩子:"不许和爱迪生玩。"因为这件事,爱迪生还被他的父亲痛打了一顿,他的父亲认为,这孩子太捣蛋了,只有打一顿才能长记性,才会听话,才不会给自己惹麻烦。但爱迪生的母亲了解自己的孩子为什么这么做,他这样做是善意的,是在做好事,只是方式方法出了问题,她并不认同丈夫这种粗暴的教育方式,这样会让孩子失去探索一切事物的兴趣。

母亲能够理解爱迪生的行为,才保持了爱迪生爱观察、爱想问题、爱追根求源的天才特质。

其实不只是爱迪生，综观古今中外的历史，很多天才的天赋之所以能被挖掘，都是因为他们的父母有着一双慧眼，他们的父母能从孩子的一些看似调皮捣蛋的行为中看到积极的一面，能以辩证的态度看待孩子的行为，并挖掘出孩子的潜能。的确，表面看起来，孩子的一些行为是错误的、是要被批评的，但其背后也蕴藏了积极的一面。例如，日本的宗一郎能像狗一样嗅车子漏下的汽油，牛顿在风暴中玩耍……他们表面上是在玩耍，样子很可笑或很危险，但他们却是在尝试其他孩子没有兴趣尝试的东西。如果父母对其不理解并横加指责，会扼杀一个孩子的兴趣，岂不可惜？

对于孩子的行为，家长要这样做：

1.解读孩子的行为

有位网友提到一件趣事："邻居家7岁孩子被他爸爸打了，原来这孩子不知道从哪里找来一只受伤的鸟，并将鸟绑在了炮仗上，然后点着炮仗飞天，鸟被炸死了。爸爸妈妈打骂完之后，才知道他的想法，他想把受伤的鸟送上蓝天……"

其实，不少家长在教育中也总是有这样的习惯：对于孩子的行为，自己没有理解，也没有努力去尝试理解，就把孩子的做法归为错误的，这是对孩子极不负责任的做法，在这样的教育下，孩子能有多大的发展呢？

因此，要善于解读孩子的行为。父母要明白，孩子的行为，很多都是他对未知世界的一种探索，对于有些事情的做法孩子甚至比大人更有技巧。父母应多解读孩子的行为，明白孩子行为的本来目的，这样便于拿出适合孩子的教育方法，不至于因误解而阻碍了孩子的成长。

历史上有很多天才，在一般人看来，他们的很多行为是不可思议的。如果后来他们不能成为一个天才，他们的那些举止将永远成为别人的笑柄，更会成为他们是傻子、疯子的有力证据。

2.换位思考，挖掘出孩子"行为"背后的积极动机

法国儿童喜剧片《巴黎淘气帮》里有这样一群孩子，他们为了让妈妈高兴，就趁着妈妈不在家的时间，想给家里来个大扫除，结果把家里弄得一塌糊涂：沙发被划破了，地板被擦花了，甚至家里的小猫都"不幸"被扔进了洗衣机……其实不少家庭都发生过这样的事，孩子为了讨好大人，好心办了坏事，因为他们没有生活经验。此时，我们不能责备，而是应该告诉他方法。

3.从孩子的行为中开发其潜能

孩子看似一些调皮捣蛋的行为，让人觉得他很不乖，其实，这是他们具备某一潜能的体现。不少天才之所以能成功，就是因为他们的父亲或者母亲能看到他们行为背后的潜能，知道那些举止是天才诞生的表现，就有意识地支持孩子的行为，帮助他们开发潜能。

总之，父母要明白一个道理：解读孩子的行为，会便于更好地教育孩子，天才也是这样教育成的。也就是说，如果我们

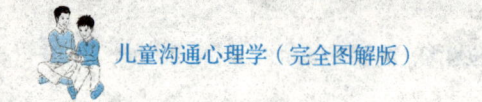

能走进孩子的内心世界，真正了解孩子的行为，去引导，去鼓励，去帮助，去发现，孩子就能健康成长、顺利成才。

谁都不喜欢被比较，孩子也一样

这天，在某小区门口，11岁的强强和王飞打起了架，路人叫来了他们的父母。问起原因，强强说："我妈总说王飞好，每次考试完，她都说，你怎么不学学人家王飞，人家能拿第一，你怎么就不行？要是我做错了什么，她就说，你怎么这么没出息，你看人家王飞多听话……如果王飞那么好，为什么她不去认王飞做自己的儿子？"

旁边的强强妈很吃惊，原来自己平时无意中说的几句话对孩子的伤害这么大，于是，她对强强说："乖儿子，妈妈错了，妈妈之所以那么说，是希望你能向王飞学习，做个听话、爱学习的孩子，妈妈没想到这些话那么伤害你，你能原谅我吗？"听到妈妈这么说，强强流着泪抱住了妈妈。

生活中的很多父母可能都有这样一个习惯，喜欢拿自己的孩子与他人比较，总觉得自己的孩子没有人家的优秀，不知不觉地会用其他孩子的优点来比自己孩子的缺点，嫌自己的孩子不够优秀，于是，他们常常会这样对自己的孩子说："你看你，怎么这么笨，这点小事都做不好，你看你的同学××多懂事。""怎么又考这么差,你看××,每回都是第一名。"可能这些是父母无心的话,但说得多了,难免会留在孩子的心里,对他们造成伤害,久而久之,他们就会像父母认为的那样,也认为自己笨、毫无优点,自然也就失去了自信。无形中,孩子的心灵被扭曲了,这样的后果是惨重的。

其实,任何父母都爱自己的孩子,拿自己的孩子和别人家的孩子对比,也是出于善意,希望他们能向优秀的孩子学习,超越别人,为父母争光争气。但是,有时候好心也会办坏事,爱孩子,就不要拿自己的孩子与他人做比较。任何一个孩子,都会反感父母将自己和其他人进行比较。儿童心理学家建议父母这样做:

1. 看到孩子的优点,赞扬他

父母对孩子的期望态度一样会影响到他。如果你认为你的孩子是优秀的,那么,他就会按照你的期望去做,甚至会全力以赴让自己变得优秀起来;而反过来,如果你总是挑他的缺点、毛病,那么,他就会产生一种错觉:我不是好孩子,爸爸妈妈不喜欢我,我好不了了。孩子就会自甘堕落。因此,家长积极的期望和心理暗示对孩子很重要。

可见,对于孩子来说,他们最亲近、最信任的人是他们的父母,父母对他们的暗示的影响是巨大的,如果他们能长时间接受到来自父母的积极的肯定、鼓励、赞许,那么,他们就会变得自信、积极。如果他们收到的是一些消极的暗示,那么,

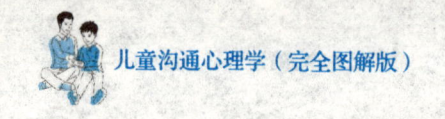

他们就会变得消极悲观。

2.即使批评也要顾及孩子的面子

心理学家曾经做过一个关于"孩子最怕什么"的调查,结果表明:孩子最怕的不是生活上苦、学习上累,而是人格受挫、面子丢光。

的确,对于儿童来说,他们的独立意识虽然尚未形成,但也开始在意别人的评价,而他们最在意的是父母的看法。

对于生性敏感的孩子来说,他们自尊心强,爱面子,作为家长,我们不但不能拿孩子和其他人对比,还应该时刻注意保护好孩子的面子,不要在众人面前说他们的缺点,不要在众人面前批评他们。因为孩子每一个行为都是有原因的。这是由他的心理和生理年龄特点所决定的。也许这些原因在成人看来是微不足道的,但在孩子的眼里却是很严重的事情,不了解原因当众批评他,非但不能解决问题反而会使问题变得更糟,使孩子产生逆反抵触情绪,导致对孩子的教育很难继续下去。

3.根据自己孩子的特点进行教育

任何父母都不要拿自己的孩子和其他孩子对比,而应根据自己孩子的特点进行教育。例如,你的孩子脑子迟钝一些,就教育他笨鸟先飞,多卖些力。孩子有了进步就应该鼓励,只要孩子付出了努力,已经尽其所能,父母就不应提出过高的要求。

总之,聪明的家长要明白,任何人都渴望被赏识和赞扬,我们的孩子也是,为此,无论何时,我们都不能拿自己的孩子和其他孩子进行对比,而要看到他的优点,并给予他鼓励,相信你的孩子会变得更加优秀。

讲讲自己的心里话,让孩子理解父母的苦心

童童是小区有名的听话的孩子,很多家长都想向童童妈请教一下怎么教育孩子,因此,童童家经常会有一些叔叔阿姨来串门,这不,楼上的王阿姨又来"取经"了。

"你说,我们大人这么辛苦,还不都是为了孩子,为什么孩子似乎都不理解呢?有什么心事也不跟我们说,长大了,我们也管不了,唉……"

"其实吧,孩子是渴望交流的,但实际上,往往是我们家长摆在了长者的位置不肯下来,孩子无法感受到平等,自然也就不愿意与我们交流了。"

"那怎么才能让孩子开口呢?"王阿姨问。

"想要让孩子开口,我们就得先开口,主动向孩子倾诉,让孩子也了解我们的感受,沟通是双向的嘛。像我们这样的中年人,在单位工作压力很大,工作了一天,回到家里,真的很累,有时就不想说话。甚至还免不了受一些闲气,心里很窝火,脸色不自觉地就有些难看。但我现在总在进门之前提醒自己:调整好心态,当孩子开门迎接你的时候,给她一个笑脸。

等自己心情好点的时候,我们晚上会坐在一起,我会主动开口,说自己在单位的那些事儿,童童一般都能理解我的感受,她有时还会来安慰我。只有先主动倾诉,才会让孩子觉得你容易亲近,才会愿意向你倾诉,如果你冷落孩子,根本不理他,他就会到外面去找能安慰他的人。为什么有的小孩子会结交不良少年,会早恋?原因当然很多,但我觉得其中根本的一点,就是缺少家庭的关怀,缺少亲情的温暖。不过,这也是我个人的想法。"

王阿姨听完,连连点头,看来,童童妈的话对她起到作用了。

生活中,不少父母抱怨:"孩子一天与我们说话都不到三句,跟我们的关系越来越疏远,就喜欢跟同学泡在一起。"其实,孩子逐渐长大,从依赖走向独立,从家庭走向社会并逐步适应社会。可以说,孩子的成长让我们父母操碎了心。孩子拒绝与父母沟通,有时候并不是孩子的过错,而是父母的态度让他们欲言又止。而聪明的父母,在向孩子"施爱"的时候,还懂得"索爱",因为他们懂得,沟通是双向的,让孩子打开心门的第一步就是先开口坦诚自己的内心,让孩子了解自己。

另外,讲讲自己的心里话,也可以让孩子懂得感恩。不少家长在"爱"的问题上,只尽"给予"的义务,不讲"索取"。这时,家长们的爱就会贬值,孩子们也会觉得父母的爱是应该的。有时候父母扛着生活艰辛的担子，只要孩子好好学习，哪怕再苦也值得，而孩子根本不理解父母，因为父母不给孩子理解的机会。当孩子知道父母的辛苦后，感恩之情会油然而生，学习的动力也就更大了。

作为家长的我们，应当顺应孩子的生理和心理的成长，在教育方法上做出调整，把孩子当成朋友，而不是小孩子，亲子之间应该平等地对话、交流内心世界。具体来说，我们应该做到：

1.懂得你的孩子已经长大了，有一定的担当能力

父母首先要把孩子当作一个完整的、独立的个体来对待，而不是自己的附属，孩子虽然还处在成长的阶段，但已经具备了一定的解决问题的能力，因此，不要认为孩子还小，不能让他知道得太多，以免影响到孩子的学习等。孩子是家庭成员之一，当你与孩子共商家庭计划时，孩子会感受到被尊重，当他在成长中遇到问题的时候，也会愿意拿出来与父母"分享"，共同找出解决问题的办法。

2.孩子遇到难题时候，告诉孩子我们是怎么做的

慢慢长大的孩子一定会遭遇一些成长中的烦恼，慢慢变老的我们一定会和他们"过招"。当孩子怒火燃烧的时候，父母切忌火上浇油、自乱阵脚，我们可以以柔克刚。抱怨、不屑的言语只是他们在表达自己对事、对人的看法，只是还未找到最合适的方式，我们需要等待。也就是说，无论孩子的情绪如

何，作为父母，我们一定要心平气和，先平息孩子的情绪，然后再告诉孩子自己曾经是怎么做的。

爱玩是孩子的天性，孩子要玩着学

5岁的小娟格外活泼好动。周末，妈妈带她到公园去玩。妈妈一边在前面走着，一边轻声和小娟交谈着，可是一回头却发现小娟不见了。妈妈急忙四处寻找，发现不远处，小娟正趴在草地上，专注地玩什么东西。

妈妈悬着的一颗心落了下来，她悄悄地走到小娟背后，发现小家伙正专心致志地用一根草棍拨弄着一只小蚂蚁，翻来覆去，仔细观察蚂蚁的每个动作。"宝宝，你在干什么？"妈妈问。"妈妈，我正玩小蚂蚁。"小娟连头也没回。妈妈意识到这是孩子好奇心的表现。

回家后，妈妈给小娟买了一只玩具小鸟，它会叫、会飞。小娟高兴极了，爱不释手，她专心致志地观察小鸟的各种动作。第二天，妈妈下班回家，却发现女儿正动手拆玩具小鸟，桌子上已经有了几个小零件。见妈妈来了，小娟显得有些害怕。妈妈故意板着脸问："你怎么把玩具给拆开了？"小娟怯生生地说："我只是想看看它肚子里有什么，为啥会拍翅膀、会叫。"

妈妈很高兴，她相信会玩的孩子才能会学，她必须抓住这个时机，培养孩子的智力。于是，她鼓励女儿说："宝贝，你做得对，应该知道它为啥会拍翅膀。"听了妈妈的鼓励，小娟高兴极了。不一会儿就把玩具小鸟给拆开了，并观察起里面的结构来。

小娟妈妈做得对，会玩的孩子才会学，活泼也是一种气质，每一个活泼好动的孩子，都具有敏锐的观察力、想象力和思考力，而这些是成才的关键。

生活中的不少父母可能认为自己的孩子很调皮，总是给自己惹麻烦。有时孩子还很固执，不听你的话。其实，只要合理引导，你很有可能会找到孩子的闪光点。

有位母亲产生了这样的疑问："当我女儿在桌上不断地用手指比画着想象在练琴时，我们真的为她买一架钢琴，这到底是件好事还是件坏事？我们这样，孩子的想象力就得不到应有的锻炼了……"

这个母亲的担心的确有一定道理，然而还是应该为孩子提供真正的钢琴。因为孩子的这一想象中的需求如果得不到满足，她的想象力一样会受到限制，会在这一点上停留过久。如果她拥有了梦寐以求的东西，就会得到及时的训练，提高自己的能力，甚至想象自己已经成了一名伟大的音乐大师。很多音乐家就是这样成长的。永远不要担心孩子的想象力会穷尽，因为一个想象被满足，会激发更新、更高的想象。

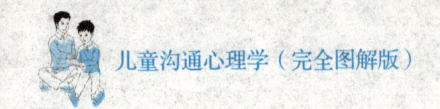

对于孩子爱玩的行为,父母可以这样引导:

1.理解爱玩是孩子的天性

很多孩子调皮捣蛋,父母带他出去玩,他总是喜欢做一些危险动作,如登高、从高处往下跳。父母因为担心他的安全而制止他的行为。

在中国传统的教育理念中,人们认为孩子好静更好,甚至总是约束孩子的一些行为。其实,孩子是需要自由空间的,需要有广阔的天地来让他们成长,因此,对于孩子那些活泼好动的行为,我们不必强加干涉,只需要保护他的安全。要知道,孩子在奔跑、跳跃、攀爬这些活动中,更易获得健康的身体,也更易活跃大脑。

2.尊重孩子的喜好

不少父母为了培养孩子,总是不停地为孩子安排各种培训班,企图让孩子掌握各种技能,备战竞争激烈的未来。这样的做法似乎无可厚非,但是,这些父母都忽略了一点,那就是埋没了孩子活泼的天性,孩子失去了活泼的童年,没有了天真的笑脸,取而代之的是厚厚的眼镜,是被紧张学习压迫的苦闷的脸。

其实,正确地培养孩子,就应该根据孩子的天性来培养。然而,许多父母的培养却是对孩子成长的阻碍:父母命令他去做这做那,把学习当作任务要他去完成,甚至为此去羞辱、责骂,让他战战兢兢地去做。这样做的结果很可能是既让孩子对学习感到厌倦,同时还毁掉了其应有的气质,使他变得木木呆呆、混混沌沌、行动迟缓。

所以，只有建立在尊重孩子天性基础上的教育才是有效的，才能挖掘出孩子的潜能，才能让孩子健康、快乐地成长。

用自己的经历激发孩子的沟通兴致

刘岚是一名中学教师，每天傍晚，无论有没有课，她都会等儿子放学，然后一起回家。

这天下午，和平时一样，等到儿子后，她一眼就看出来儿子不大对劲。这个乐天派脸上笼罩着阴云，眉头也皱着。

"怎么了？有什么不开心的事情？"刘岚问。

"体育课烦人！"听到儿子这么说，刘岚猜出了大致情况，肯定是体育课太累了。但儿子是体育特长生，如果因为累就这么放弃体育锻炼的话，那就太可惜了。于是，她准备开导一下儿子。

"今天练习的是跑步？"

"是啊。烦死人了。"

"是不是本来心里就烦啊？"刘岚问。

"嗯。"儿子沉着脸应了一声。

"要学会淡定嘛！"刘岚开玩笑地说，"而且，凡事你换个角度看，坏事就变成了好事。跟你说个秘密，其实，你妈妈以前在学校曾被人称为'飞毛腿'呢，不信？一会儿我回去给你拿每次比赛的奖状看看。记得刚上学的时候，我是个病秧子，几乎每个星期都要去医院，但后来，你姥爷就带我去锻炼身体，什么爬山、跑步，不到半年，我就变成各项全能了。你现在完全有你老妈当年的风范啊。在锻炼的过程中，我也遇到过很多问题，体育锻炼毕竟是体力活儿，自然不如上网玩游戏、看电视、逛街有意思，但只要我们坚持下来，那么，不仅对身体有益，更会磨炼我们的意志，你说呢，儿子？"

"那倒是，不过我可真没想到，您这个看上去文弱的女教师以前居然是体育全能，真看不出来……"儿子惊讶地看着妈妈。

"走，现在就回家给你看证据……"

这里，我们看到了一个母亲在儿子体育锻炼开始气馁时的一番鼓励性教育。许多父母遇到类似情况可能喜欢用说教的方式——"如果你不锻炼，你中考怎么办？""不要放弃，坚持下来！""真是没用，遇到一点问题就退缩！"无疑，对于成长中的儿童，这些说教可能会起到反作用，甚至他们会完全拒绝与父母沟通，而如果我们能站在孩子的角度重述自己的经历，让孩子明白父母当年是怎么做的，那么，他们一定能找到解决问题的方式。

孩子会经历很多成长中的烦恼和疑惑，人生经验少、社会阅历浅、情感细腻的他们更希望得到作为过来人的父母的指导，但渴望独立的他们，并不愿意主动请教父母，因为这等于在向父母宣告他们依然不成熟，依然依赖父母。当然，他们更不希望父母以教训的口吻或者说教的方式传授经验。此时，作为父母的我们，一定要选择一个温和的方式帮助孩子，告诉孩子自己的经历，告诉孩子自己曾经是怎么做的，这样不仅会让孩子接收到一个正确处理问题的信号，更能拉近你与孩子之间的距离，有利于亲子关系的维护！

那么，孩子遇到某些困惑时，具体来说，我们该如何疏导呢？

1.孩子无论遇到什么，我们都要先冷静下来

孩子毕竟是孩子，有时冲动主观，有时暴躁易怒，但不管孩子如何，我们都不能对孩子发脾气，因为他们是无助的，需要家长的帮助，如果你大发雷霆，孩子还怎么与你沟通？因此，无论遇到什么，我们都要先冷静下来，做到心平气和，然后安抚孩子的情绪，再告诉孩子自己曾经是怎么做的。

2.闲暇时，多以自己的经历入题，与孩子畅怀沟通

现实生活中，为什么孩子不愿与我们沟通？这固然与孩子有关，但与父母自身也有很大的关联，如我们放不下家长架子、说话太过严肃等，我们还可以发现，那些与孩子相处融洽的父母，都有一个撒手锏，那就是有亲和力，甚至偶尔会拿自己开玩笑等。

为此，我们也不妨借鉴一下，多主动与孩子接触，可以

向孩子阐述自己在日常生活中遇到的事，如一些无伤大雅的糗事、某些光荣事迹、闹过的笑话、学生时代情感经历等。还要注意，如果孩子觉得你的经历很无趣，就要及时转换话题，以免造成尴尬。

第 7 章

孩子需要引导：变强制为引导，让孩子远离逆反心理

孩子每天都在成长，到了童年、进入学校后，他们的独立意识开始萌芽，也开始要求独立、得到尊重。他们开始营建自己的"小天地"，不愿意依赖父母，甚至出现心理闭锁，尤其是不愿意与父母沟通，这无疑都会让身为父母的我们感到苦恼。其实，我们需要掌握一些引导他们的方法，真正走入孩子的世界，用心体会和理解他们，这样往往能让孩子真正接纳你、愿意为你敞开心扉！

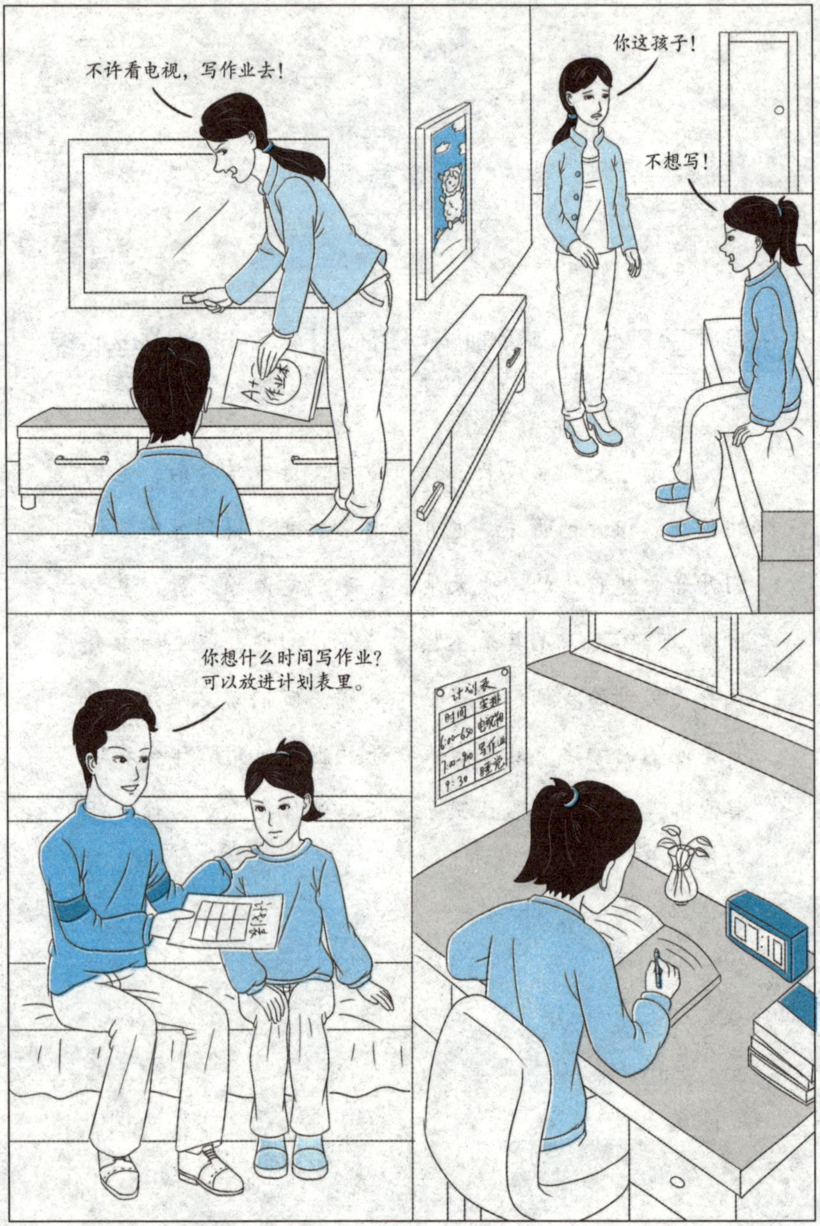
不许看电视，写作业去！
你这孩子！
不想写！
你想什么时间写作业？
可以放进计划表里。

多听少说，了解孩子内心的真实感受

一位母亲向心理医生这样陈述自己遇到的问题："当了十几年的妈妈，我第一次发现，教育孩子这么难，我家小子现在也不知道是怎么了，小时候，他还开玩笑说以后一定要找一个和妈妈一样好的女孩，可是现在我感觉到他开始厌恶我，形象点说，他的耳朵现在就是个过滤器，对于同学和朋友的话他倒是听得进去，但对于我的话，他充耳不闻，让你的话在空气中穿过就完事。没办法，我只能大声地吼他，让他听话。不过，事后又总觉得这样不好，会不会给他留下什么阴影呢？我该怎样办才好呢？"

对于这位母亲的遇到的问题，心理医生的建议是：最好不要吼孩子，这样也无济于事。事实上，据调查，74%的孩子希望妈妈不唠叨。通常来说，妈妈在孩子的衣食住行方面倾注的心血比较多，喜欢事无巨细叮嘱孩子，但随着孩子逐渐长大，他们便把这种关心当成唠叨，甚至对妈妈的话充耳不闻。这是为什么呢？

不知道你是否发现，随着孩子逐渐长大，他们的独立意识开始萌芽，虽然不如青春期的孩子那样有强烈的独立愿望，但他们也不愿意再像"小孩子"一样服从家长和老师，他们希望获得像"大人"一样的权利，因此经常固执地顶撞父母，不

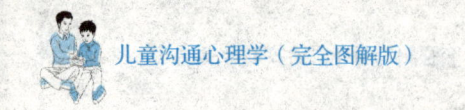

愿与父母沟通交流，对父母的教导表示厌烦。这些都是正常现象。而很多父母和故事中的这位母亲一样，孩子不听，就加大唠叨的强度和数量。但这样真的有效吗？答案当然是否定的。

孩子把父母的话当耳旁风，也许是因为父母讲话太啰唆，孩子不愿听；也许是因为孩子做错事，受父母责怪而装作听不见等。不管是哪种情况，父母都要注意以下几个方面：

1.多听少说，了解孩子内心的真实感受

不能否认，有时候，我们的出发点有利于孩子，但却使用了错误的灌输式的教育方式。我们可能没有意识到，自己平时对孩子的要求常常置之不理，也忽视了孩子的内心感受，这会使孩子感到沮丧、感到不被尊重。如果我们能加以改正，多听少说，孩子也就不会拒听我们的"命令"。

为此，每次我们在向孩子"发号施令"的时候，不妨先思考以下几点：

（1）很多时候父母唠叨是为了满足自己的情绪需求，要尽可能地关照孩子的需求。

（2）不要在孩子面前表现自己的无奈。

（3）教育孩子不要追求道理，要追求效果。老说"一定要按时起床，学习一定要有效率"之类的话，有效果吗？一定要思考怎样说才能见效。

2.避免喋喋不休

调查资料显示，当父母在孩子面前喋喋不休，把自己真正要讲的意思和许许多多"废话",如抱怨、絮叨或责备都夹杂在一起,或是把要孩子说的几件事和几个要求都混在一起跟他说个没完时,反而会适得其反。

3.不必大声说话

大喊大叫地对孩子发布命令,这是最不明智的做法。因为,虽然此时孩子的注意力都在父母身上,但他关注的只是父母脸上的愤怒表情,而不是父母所说的话。事实上,父母越是温柔和轻声地说话,孩子越是容易关注父母所说的话。

4.多给孩子一些决策空间

儿童已经不是襁褓中的孩子,也不是牙牙学语的婴幼儿,他们已经有了独立决策的能力了,为此,你不妨做出以下一些教育方式的改变。

(1)尽量让孩子自己做决策,有些情况下,你甚至可以为孩子制造些自主决策的机会,而你要做的只是站在他的身边默默支持他、帮助他,因为你不能代替孩子成长。

(2)给孩子一定的势力范围,让他自己经营。他的房间归他管,你只有建议权,他有决定权。

(3)等孩子向你伸手、希望获得你的帮助的时候再出手。

(4)不要害怕孩子受挫折,这是一个必需的过程。

作为父母,如果能了解孩子的心理,并能做到以上几点,相信我们一定能走进孩子的内心世界,他们自然也不会对我们的话采取"置若罔闻"或者"随便敷衍"的态度了!

帮助孩子消除紧张和不安

张女士的女儿阳阳一度总是失眠，晚上熬到3点多才能勉强睡去，可是，一会儿又会醒来，上课的时候，也开始注意力不集中，老师讲的内容听不进去，大脑一片空白。一回到家，她又非常烦躁、紧张不安，感觉无聊，脑子始终昏沉沉的。无奈之下，张女士带着女儿来看心理医生。

心理医生通过与阳阳交流了解到，阳阳这种焦躁不安的心理来源于她对未来的茫然：

张女士出身于一个书香世家，对女儿一直管教得比较严格，而阳阳逐渐把父母的苛求转化成她对自己的标准，她所接受的暗示是：只有自己表现得尽善尽美了，拥有一个光明的前程，父母才会满意，才会拥有他们对自己的爱。所以一直以来阳阳都不敢放松，努力追求完美，但在几次阶段性考试中，阳阳考得并不好，这让阳阳很担心，自己的成绩会不会一直这样下降下去？这样的紧张与不安让阳阳变得压抑、敏感，并开始失眠。

阳阳的情况并不是个案，不少孩子都遇到过，而作为父母的我们也为此担心。我们的孩子既是快乐的，又是艰难的，快乐在于他们终于长大了，而同时，他们又不得不面临很多问题。其中就有对未来的迷茫，然而，这一阶段，他们又不愿意与父母沟通，总是认为自己长大了，自己的事情可以自己处理，什么事都憋在心里，长久下去就情绪低落。于是，很多父母感叹：我该怎么帮助我的孩子？

为此，儿童心理学家建议：

1.鼓励孩子快乐生活，让其摆脱悲观的想法

孩子毕竟是孩子，总是爱幻想，幻想自己有一天成为电影明星、考古学家等，即使那些学习成绩差的孩子也会对未来产生很多想法。然而，这些梦想一般都是断断续续的，随着接收到的信息的更换，他们的梦想也会随之更改。作为父母，如果你的孩子和你谈及他的梦想，你不可阻止，更不应该期望或者要求孩子对未来想干些什么的梦想和决定保持连续性。

因此，你应该怀着信任、希望和自制力，一步一步地帮助孩子编织梦想，鼓励孩子去快乐地生活，引导你的孩子做出现实的、非常清楚的而且可能与他的兴趣和热情最为合适的决定。

2.让孩子开始承担部分家庭责任

对于大多数孩子而言，当他们开始上学时，就已经意识到他们有一天必须离开家，可能要去求学，可能要外出工作，可能要单独组建家庭，无论哪一种，他们都必须承担现在父母承担的责任。无疑，一直生活在父母保护下的他们此时便产生了一种恐惧——我要独自生活了，我即将面临很大的生活压力。作为父母的我们，如果在日常生活中就让孩子主动承担一些家庭的责任，如让孩子管理家庭日常开销或者让其承担部分家务等，就会让孩子看到自己若干年后可能会过的生活——父母的

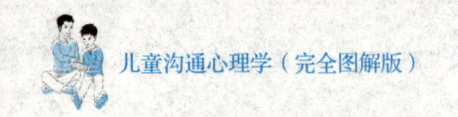

现状就是最好的例子。这样，他们会发现，原来所谓的充满压力的生活就是现在这个样子，并没有什么大不了的，自然也就能消除这种对未来的不安了。

巧用幽默，让家庭教育更容易

家庭教育的方式多种多样，但总的来说，不外乎疾言厉色、心平气和、风趣幽默三种。家庭教育的本质在"教育"二字，无论哪一种教育方式都离不开生活理念的灌输，但是不同的灌输形式产生的效果大不相同。疾言厉色的教育可以威慑孩子，但它容易让孩子产生对抗心理，是一种不得要领的教育方式。心平气和式的教育能使孩子体会到自己与父母在人格上的平等。但由于语言平淡，不疼不痒，无法产生持久的效果。风趣幽默的教育触动的是孩子活泼的天性，因而更能在他们的心灵中留下不灭的印迹，使他们时刻以此警示自己。

中国传统的家庭教育大都严肃多于宽容，从一些俗话便可见一斑，如"三天不打，上房揭瓦""棍棒底下出孝子"。在这种教育思想的影响下，父母与孩子的关系往往呈现对立状态。殊不知，最好的家庭教育应该略带一些幽默。

老张的工作单位近几年来经济效益不好，月月只开基本工资，媳妇又是下岗工人，拉扯两个孩子上学，还赡养着一个七八十岁的多病母亲,日子过得紧紧巴巴的。可人家紧紧巴巴的日子,过得并非愁眉苦脸、鸡飞狗跳的。一天,大小子吵着爸爸给买把火炬,爸爸没有马上生硬地训斥孩子随便要钱买东西,而是温和地说:"儿子,假如你要买的火炬不是急着用,就暂时缓一缓,这一段时间,咱们家的军费开支已经超过预算了,再买火炬,你妈妈可要发火了。"老张的一席话让孩子乐了。

老张的沟通方法是值得很多父母学习的,在教育子女的过程中,加进了"幽默"的元素,会立刻使关系平等化,气氛和谐化。

幽默是父母与孩子沟通的有效方式。世界上有人拒绝痛苦,有人拒绝忧伤,但绝不会有人拒绝笑声。在教育孩子时,父母如果经常能做到寓教于乐,再顽皮、再固执的孩子也会转变的。幽默表面上只是一种教育手段,实际上它蕴含的是一种乐观精神,一种坚信明天会更好的执着,反映了教育的人文本质。

这天,正在上班的老王接到学校老师的电话,原来,儿子有隔着很远的距离向废纸篓投杂物的习惯,即使扔在地上也置之不理。但乱丢乱扔是学校三令五申反对的不良习惯,也是班级公约明文禁止的行为。儿子几次乱丢乱扔的行为给班里卫生评比拉了后腿。对此,老王很生气,准备晚上回家后好好教育儿子。

晚上,老王把儿子叫到书房,儿子一副惶恐不安的模样,想来他已经知道爸爸找他所为何事,似乎也做好了接受疾风暴雨式"批斗"的心理准备。老王这时候突然想到一个问题,孩

子处于这种高度"防范"的状态,采取任何不理智的手段和方法不仅无法收到预期的教育效果,还可能引发对立和对抗。如果换一种教育方式,说不定会出奇制胜,他很想试一试。

于是,他故作随意的样子问:"你是不是比较喜欢打篮球?"儿子听了一怔,继而不好意思地挠了挠头说:"还行,但球技不怎么样。"

"是吗?所以你就想借助一切机会来练习自己的投篮?"

听爸爸这么一说,本来已经满脸通红的儿子越发显得局促不安了。最后,儿子不但承认了自己乱丢乱扔的错误,而且真诚地表示要努力加以改正。一次本当"秋风扫落叶"般的教育却以幽默的方式取得了令人满意的教育效果,老王深以为幸。

很明显,老王的幽默式教育方法奏效了。

那么,到底该如何运用幽默的方式教育孩子呢?

1.以生活细节为素材

有些父母认为,运用幽默的方式教育孩子并不容易,不知从何处入手。其实,幽默并不是那些口才了得的人才能运用,幽默的素材就在我们生活的周围。例如,你可以在茶余饭后和孩子一起进行脑筋急转弯之类的幽默智力问答,也可以和孩子一起交流白天发生的有趣事件等。

2.孩子犯错,以轻松宽容的心情面对

面对孩子犯错,一些父母态度急躁,也控制不住自己的情绪,甚至对孩子大加指责,这样做,不仅不能让孩子认识到自

己的错误,还会让孩子反感,甚至怨恨父母。因此,在孩子犯错的时候,父母要注意提醒自己控制好情绪,耐心地和孩子交谈,尽量对孩子微笑,消除孩子的抵触心理,这样才能让孩子听你的教导。

3.语言生动有趣

生动有趣的语言一般都能引起孩子的注意。例如,当孩子把房间弄得很乱时,我们可以这样说:"哎呀,房间这么乱,我快要晕过去了,快来扶我一把。"此时,孩子不仅为之一笑,还会认识到自己房间的脏乱。

4.多利用"现成的"幽默材料

可能有的父母天生缺乏幽默感,不苟言笑,他们认为自己是无法使用幽默这一教育方法的。其实,只要你善动脑筋,具备耐心和爱心,多找些身边现成的幽默材料,也是可以和孩子轻松地沟通的。你可以多阅读笑话、幽默小品等,培养自己的幽默感,还可每天读几则幽默故事给孩子听,陪孩子看动画片等。

应该说,在家庭教育的过程中,义正词严的说教是必需的,甚至在很多情况下不可或缺,只是为人父母者也要清楚地知道,幽默在一定情况下也许能够收到事半功倍的效果。需要提醒的是,尽管幽默教育有时会收到超乎寻常的理想效果,但是,一定要取之有道、操之得法、用之适度,否则,便是无谓的油嘴滑舌。更为重要的是,千万不能将对孩子的讥讽和嘲笑也视为幽默,这样的"幽默"纯属有害无益。

把孩子的错误变成锻炼他的一次机会

曾经有人说:"孩子是在犯错误中成长起来的,因此,要允许他们犯错误,要正确对待他们犯的错误……"对于童年时代的孩子来说,他们有个特点,就是好奇心重,面对丰富多彩的现实生活,心中充满了各种疑问,对周围的一切都想探个"究竟"。由于好奇心的驱使,不管该做或不该做的事情,能做或不能做的事情,他们都要去探究一下,去尝试一下,结果可能就犯了错误。而捷尔任斯基说:"拷打、严厉和刑罚永远不能作为一种影响儿童的心灵和良知的好办法,因为它们时常留给儿童的印象,就是成人的暴行。"暴力、严厉和处罚是很多父母解决孩子犯错误的重要手段,目的是让孩子记住错误,可实际上,这些都对孩子的心灵成长产生了严重的负面影响。其实,对于儿童来说,他们的心理是脆弱的,需要父母用温柔的方式引导,而不是用激烈的言辞甚至暴力的手段。父母要明白的是,孩子犯错,重在帮助他改正错误,在错误中锻炼自己,惩罚并不是目的。

对于犯错误的孩子,只要不是"罪不可赦",挽救比"绳之以法"要重要得多。但在现实生活中,很多父母对待犯错误的孩子的方式方法过于单一,孩子一念之差做错了事,马上就被贴上坏孩子的标签,小题大做,使孩子在其他人面前抬不起头。

第 8 章

孩子需要建议而非命令：培养孩子的思维力和判断力

大多数家长，都是望子成龙、望女成凤的。很多时候，我们都认为自己的经验、自己的看法就是对的，都是为了孩子好。而当孩子不听话时，一些家长就采用命令的方式，而这一方式带来的是孩子的叛逆，带来的是孩子对家长封闭内心。其实，孩子的成长是他自己的，我们无法代替，我们应该让他自己做决定，他们需要的也只是建议，而非命令，用这样的心态与孩子沟通、对孩子进行引导，才能让孩子的思维能力和判断能力不断得到提升。

选哪个呢？
我的专业是理科，可以学习自然规律和科学知识。
我的专业是文科，可以让人更了解人类社会。
文科
理科
志愿表
文科
理科

第8章　孩子需要建议而非命令：培养孩子的思维力和判断力

真正平等的沟通，是建议而非命令

家庭是社会的细胞，也是一个团队，而家长就是这个团队的领袖，很多父母发现，孩子还小的时候，自己在孩子心中的形象是伟大的，孩子什么都愿意跟自己说，但随着孩子逐渐长大，他们开始厌烦父母，尤其是讨厌父母以命令的口吻与他们交流，而父母则认为这是孩子不听话的表现，便采取压制的措施，于是，亲子之间的关系很容易变得紧张，甚至无话可说。

"看到孩子总是以一副不耐烦的神情跟我说话，我的脾气也不会好到哪里去。他声音大，我的声音就要更大，人在情绪上头，哪里顾得上风度、民主，我就记得我是他老爸，怎容得他这么放肆！其实，他如果冷静地、以平和的态度跟我解释他的想法，我又何尝会倚老卖老呢？我都这么大年纪了，怎么会不讲道理呢？"可能很多家长面对孩子都是这样的态度。

其实，我们的孩子正在逐渐长大，他们会遇到很多成长中的问题，此时，他们需要的是父母贴心的建议，而非命令。

那么，在日常生活中，我们该如何与孩子沟通呢？

1.给孩子表达意愿的机会

相当一部分家长害怕孩子走错了路，习惯于事事为孩子做决定，而较少征求孩子的意见；一旦孩子不遵从，就大加责备。其实孩子也有自己的想法，家长在任何时候都要注意让孩子充分表达自己的意愿。

例如，在购买东西时，要告诉孩子，不能买的东西就不能买，不能因为孩子的任性就满足孩子，要让他们明白，不是任何东西都一定要得到，有些欲望是不能被满足的。同时，他要的东西，尽可能让他自己选，因为孩子都有自己的一些兴趣和爱好，不过，父母还是要最后把关的。例如，孩子选的东西太贵的话，就告诉他，这个太贵了，我们买不起。孩子就知道要换一个便宜点的。

2.用启发式的话语代替命令

很多家长在要求孩子做事时，往往喜欢使用命令句式，他们以为，孩子天生是听话的，应该由别人来决定他的一切，如"就这样做吧""你该去干……了"。而这种语气会让孩子觉得家长是说一不二的，自己是在被强迫做事，即使做了心里也不高兴。

家长不妨将命令式语气改为启发式语气，如"这件事怎样做更好呢？""你是否该去干……了"，这种表达方式会让孩子感觉到家长对自己的尊重，从而鼓励孩子独立思考，按自己的意志主动处理好事情。

3.耐心倾听孩子讲话

耐心倾听孩子讲的每一句话，鼓励并引导孩子自由地表达思想，既体现了家长对孩子的尊重，同时也能有效地培养孩子的自主性。家长可从以下几个方面加以注意。

（1）静听孩子的"唠叨"。对于孩子的话，家长千万不要嫌孩子啰唆和麻烦，因为这种"唠叨"恰好是孩子愿意与你沟通的体现，他是在试图向成人表达自己对这个世界的看法。因此，家长不仅要静听孩子的"唠叨"，还要鼓励孩子多"唠叨"。

（2）勿抢孩子的"话头"。不少家长在听孩子讲话时，有时会觉得他的语句、用词不够成熟，喜欢抢过孩子的"话头"来说，这样做无疑是剥夺了孩子说话的机会，同时也会让孩子对以后的表达失去信心。因此，在孩子想说话的时候，即使他词不达意，家长也应让孩子用自己的语言把意思表达出来，而不能抢做孩子的"代言人"。

（3）留意孩子给你的报告。家长可随时随地提醒孩子注意观察事物，给他探索的机会，观察之后，还应问一问他看见了些什么，学会了些什么。当他向你做"报告"时，作为父母，你应该留意倾听并适时点拨，这样会令孩子受到鼓舞。

（4）聆听孩子的"辩解"。当孩子为自己所做的事与家长争辩时，家长千万不能斥责不要"顶嘴"，要给孩子充分的辩解机会；当孩子与他人争吵时，家长也不需要立即去调解纠纷，可以在旁聆听和观察，看他说话是否合理，是否有条理。这对培养孩子独立思考的能力大有益处。

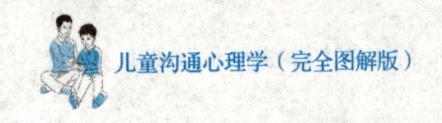

总之，培养孩子，情商应是第一位，智商应是第二位，多建议而非命令孩子，不但能融洽彼此关系，更能教育出有主见的孩子！

给孩子发表自己意见的机会

一个人的自立，要从思想上开始，也就是具备独立的思考能力，教会孩子独立思考，要首先给孩子发表自己意见的机会。言由心生，父母才能了解孩子的内心世界，才能因材施教，才能慢慢地划清与孩子的情绪边界，让孩子做到思维和情感上的独立。孩子是一个独立的生命，而不是作为父母的附属品而存在，让孩子发表意见，就能逐渐让孩子当家、自立。

其实，我们的孩子自从出生时，就有要发表意见的需求，如用手去触摸自己喜欢的东西，不喜欢有些长辈抱自己时就大声地哭闹。对于此时孩子的这些行为，父母都一一接受了，可是随着年龄的增长，父母为什么又把这种自主权搁浅了呢？压制孩子发表意见，就是压制孩子的主见，这对孩子的成长是极为不利的。

具体来说，父母应该注意以下几点：

1.尊重孩子

孩子不是可以任由父母摆布的"玩意儿"。在家庭教育中，家长应像尊重成人一样尊重孩子，把自己放在与孩子平等的位置上，遇到问题换个角度去想想，寻求与孩子心理上的沟通。当孩子从父母的尊重和爱护中找到自信与自身价值的时候，他们自然而然就学会了尊重父母、尊重他人。

家长要把孩子看作一个独立人，他们有权发表自己的意见，父母不必过多地限制。家庭生活中出现的一些问题，要让他们去尝试解决，自己去判断、思索、体验。当然，尊重孩子的人格和自我意识并不等于放任孩子。在他们成年之前，父母可以引导他们，帮助他们辨别是非，培养他们独立思考，学会选择自己的人生目标。

尊重孩子，还要尊重孩子的个体差异。每个孩子都是有个体差异的，不要拿自己的孩子与别的孩子做比较，每个孩子都是不同的。可有些家长总喜欢拿自己的孩子与别人的孩子比。当自己的孩子比别人强时，父母就沾沾自喜，反之就不停地数落、讽刺、挖苦孩子，这样很容易使孩子消沉、迷惘。孩子由于年龄小，见识少，他们往往以父母、他人的评价来评价自己，过多的批评、责骂容易使年幼的孩子迷失自我，更不敢说出自己内心的真实想法了。父母要有足够的勇气承认并正视孩子间的差异，要怀着沉稳的心态耐心引导孩子，让他们以自己的速度成长。

2.不要压制孩子的想法

父母当然比孩子拥有更大的权力，甚至有权让孩子完全得不到任何权利，但这么做的后果是造就一个本性温柔但却没有

主见、没有责任感而且脾气暴躁的孩子。

其实，疏导是比围堵更好的手段。而且，孩子拒绝父母要他做的事，不是要反对父母，只是想对自己的事有主导权。如果父母理解并尊重这一点，那么，对孩子的发展会是十分有利的。

3.支持孩子在小事上自己拿主意

当冉冉几次不肯睡觉时，妈妈对她说："冉冉，我相信你一定能管好自己的，因为你明天7点要起床。所以，你自己会在9点前上床睡觉，我相信你会自己注意时间。"果然，冉冉听话多了。

其实，家长可以支持孩子自己管理自己，并提醒他界限何在。当孩子做选择时，他觉得自己的确享有主导权，这一点会令他开心。又或者可以问他："你想要先听故事呢还是先换上睡衣？"两种选择都暗示他该睡觉了。

4.保持适当的权威

许多家长在自己的孩童时期所接受的教养方式是极端权威的，父母说"一"，他们绝不敢说"二"，所以，他们从未享受发表自己意见的权利。于是，他们把这种教育方式传达给了孩子。如果孩子所争取的是对他自己的自主权，而不是对父母的或其他人的管理权，那么他的要求就没什么不对。父母应将大人的权力保留在适当范围内，别将它过分延伸到孩子身上。但同时，也要让孩子尊重父母的权威。尊重孩子的权利发展，同时也要坚持对孩子有利的一些原则。例如，你的女儿选择了8∶45上床睡觉，但时间到了，她仍不肯上床，这时你要严格要求她:"因为你今天答应的事情没有做到,所以你没有选择,一定要在8:45上床。"家长说出口的话,一定要严格执行。

孩子在襁褓时期对父母完全依赖,后来,逐渐发展自我意识、建立自信、试验探索,终于长大成一个独立的人,这都需要主见的培养。要想孩子有主见,父母可以遇事问他的看法和想法,不管是幼儿园的事、家里发生的事、报纸上登的事,还是路上看到的事,包括爱吃什么,爱穿什么,爱玩什么都可以问他。从日常这些小事中,学会让孩子独立地发表意见,让孩子学会独立思考,慢慢地,孩子就形成了遇事靠自己的习惯,并且,在这一过程中,孩子感受到了来自父母的尊重,也自然愿意与父母沟通!

允许孩子有一定的自由,不要过度干涉

在美国一家大公司的集体办公室内,有一个漂亮的鱼缸,鱼缸里有十几条名贵的金鱼,进进出出的人都会被这十几条美丽的金鱼吸引。

这些金鱼来这家公司的2年时间内,一直保持在10厘米左右的长度,它们也过得自得其乐。可是它们的命运在一次偶然的事件中改变了。

有一天,董事长调皮的儿子来找父亲,一不小心将鱼缸打

碎了，可怜的金鱼没有了安身之地，大家都急忙为金鱼寻找各种容器。最终，一个职员发现院子内的喷水池很适合养鱼，于是，大家把那十几条金鱼放了进去。

2个月后，董事长吩咐工作人员再买来一个新的鱼缸，人们纷纷跑到喷水池去"迎接"金鱼回家。十几条金鱼都被捞起来了，但令大家非常惊讶的是，仅仅2个月的时间，那些金鱼竟然已经疯长到了30厘米左右长。

到底是什么原因让这些金鱼在2个月内长这么多？原因有很多，可能是喷水泉的水更适合它们生长，可能是水中含有某种矿物质，也有可能是它们吃了某种特殊的食物，但无论如何，我们不能否定的一个重要的因素是，喷水泉要比鱼缸大得多。

其实，对于孩子的教育，何尝不是这样呢？鱼儿需要广阔的空间生长，孩子也需要自由的空间。当孩子慢慢长大，你就应该学会慢慢放手，如果你还有想要为孩子安排一切的冲动，那么，你必须克制住自己。

孩子都希望得到父母的理解，都希望生活在一个民主的、和睦的家庭中，这样的家庭才会是一个温暖的归属港湾。当家庭不和睦时，孩子就会有被抛弃感和愤怒感；并有可能变得抑郁、敌对、富于破坏性……还常常使得他们对学校作业和社会生活不感兴趣。

的确，每一个父母，都应该作为孩子成长路上的引导者，而不是强制者，应该给孩子建议，而非命令，这样才能让孩子自由成长，才能让孩子感到来自父母的尊重和爱，那么他们也会更加爱你。

为此，儿童心理学家建议父母这样做：

1.尊重孩子的需要，让孩子自由探索

孩子的世界和成人的世界是不同的，对于他们成长道路上看到的很多事物，他们都会感到新奇，都有想探索的欲望，这也是孩子在成长过程中的一种本能的需要，对此，我们应该尊重，让孩子自由探索，这样，他才有更多的生活体验，才能成长得更快。假如我们剥夺了孩子的这种权利，那么，他们就体验不到这种乐趣，也会变得越来越没有自信。

2.不要过度保护孩子

孩子的成长过程虽然是充满恐惧的、战战兢兢的，但也是充满乐趣的。他们会摔跤，但作为父母，我们不能扶着孩子走，因此，如果你的孩子想尝试，那么，你应该鼓励孩子，让孩子有尝试的勇气，而不是说："算了，多危险，不要做了。""小心点，你会伤害自己的！""你不能做这个，太危险了！"这样，孩子即使想尝试，也会被你的提醒吓退的。

3.尊重孩子的天性，让孩子决定自己的未来

所有的父母都希望孩子长大后能有出息，但并不是所有的父母都能做到不干涉孩子选择人生，他们在为孩子设计未来时，多半不会考虑到孩子的天性、优点等，而是按照自己的意

愿行事。这样的教育模式下培养出来的孩子是很难有突出的个性品质的，也多半是不快乐的。

总之，孩子的成长需要自由的空间，因此，要想使孩子平安、快乐地度过童年，父母就需要给孩子提供足够的自由空间，不要限制孩子的自由。

让孩子学会为自己"做主"

小星是一位电脑爱好者，平时一有时间，他就"钻研"电脑，但他的父母则明文规定，不许玩电脑，放学后必须做多少作业和练习，这让小星很不高兴。于是，放学后，他就尽量不回家，或去同学家或去网吧。不过说也奇怪，小星在这方面确实很有天赋，在那年市青少年科技创新大赛上，小星居然获奖了，这让他的父母吃了一惊，并重新认识了孩子"玩电脑"这一情况。但小星却不领情了，他用自己的奖金买了电脑，一放学就把自己关在房间里。有时候，父亲为了"讨好"他，主动向他请教电脑方面的知识，他也不理睬。

有一次，父亲听老师说小星自己建了一个网站，便想看看儿子的成果。这天，他看见自儿子的房门没关，电脑也开着，就去打开看看，结果却听到儿子在身后吼了一声："谁让你动我的东西！"因为自己理亏，父亲也没说什么，不过，从那以后，小星的房门上就多了一把锁。

这里，小星为什么不愿意和父母分享自己的爱好与努力成果呢？很简单，因为父母曾经否定过自己的爱好。很明显，面对孩子喜欢玩电脑，小星父母的处理方式不恰当，孩子对现代科技的爱好和探索，家长应予以正确的引导和鼓励，不能以一成不变、简单粗暴的干涉方式来约束他，应该突破传统教育的固定模式，家庭教育也需要与时俱进。

可能很多父母都认为，孩子只要听话、省心就好，然而，这样的孩子没有主见，更不能自立，只能生活在父母的臂弯里，是无法真正立足于社会的，也很容易迷失自己。

父母需要在日常生活中培养孩子的自主品质，具体来说，我们需要做到：

1. 尊重孩子的爱好，鼓励他做自己喜欢做的事

孩子一会儿喜欢做做这个，一会儿喜欢试试那个，家长便会担心孩子无心学习，或者染上什么不良的习惯，或者会接触社会上那些坏孩子。有时候，我们越是干预，越是阻止，孩子越会义无反顾地去做。其实，我们应该做的首先就是相信他。你要告诉他，无论你选择什么，爸爸妈妈都相信你，但是你也要做出让爸爸妈妈相信你的事情，在保证学习不受影响的情况下，爸爸妈妈允许你做自己喜欢的事。

2. 给孩子表达意愿的机会

孩子是喜欢探索的，作为父母，要学会引导他们的想法，

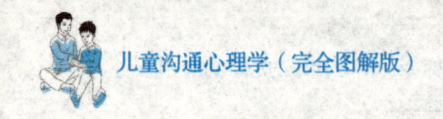

而不是一味地压制和制定规则，如果你总是告诉不许这个，不许那个，那么，孩子很有可能变成什么都不敢尝试的懦夫。所以要给孩子表达意愿的机会。

3. 让孩子随时随地自主选择

家长对孩子自主选择的尊重，可以随时随地体现在最简单的日常生活中：

（1）吃得自主。当孩子能力所及时，在不影响他饮食均衡的情况下，家长可以让孩子自己选择吃什么。例如在吃饭后水果时，家长不必强迫孩子今天吃苹果，明天吃香蕉，要让孩子自己挑选。

（2）穿得自主。孩子也喜欢好看的衣服，家长带孩子外出玩耍时，在保证安全、健康的前提下，可以让他自己决定穿什么衣服，切忌随自己喜好而不顾他的感受。

（3）玩得自主。不少孩子在玩游戏时，并不想让成人教给他们游戏规则，更愿意自己决定游戏的方式，并体验其中的乐趣。家长可让他自己选择玩具和玩的方法，这样做可以极大地满足他的自主意识，帮助他成为一个有主见的人。

当然，家长不给孩子制定太多的规则，不代表没有规则。具体事情要具体对待，可根据他出现的问题临时性地给他制订规则，但一定要征求他的意见，请他参与到规则制订中来。

引导孩子自己思考、选择和决定

我们都知道，任何一个人的成长都会伴随着各种各样的痛苦，就像婴儿出生一样，不通过痛苦的挣扎，就不能脱离母体成为自己。成长就是一个不断经历挫败、忍受痛苦、面对困难的过程，失败和痛苦是生命的必然。只是有的父母怕孩子承担痛苦，尤其是在遇到一些重大抉择的时候，他们会为孩子决定一切，以过来人的眼光为孩子打理好一切。久而久之，孩子会对父母形成一种依赖，面对选择的时候，就会有一种无助感，发现离开父母什么都不行，丧失信心和勇气，成为父母眼中"听话的好孩子"。

的确，谈及孩子的教育，许多家长以孩子是否"听话"论成败。"听话"则有出息，反之则不会有出息。的确，一个"听话"的孩子，看起来是那么令人满意：他听大人的话，不打架，不爬高，不惹事；他听大人的话，老师说什么就做什么；他听大人的话，从不违背父母的意志等。他因此获得大人们一片称赞。

但试想一下，这样的孩子能真正自立吗？孩子从小在"听话"中长大，从来不需要自己做选择、自己做决定，也就是从来不需要对自己负责，而仅仅"负责听话""负责服从"就可以了，这样的孩子一旦走出校门，走出家门，能够独当一面，撑立门户吗？他能从容地面对今后的各种打击吗？我们发现，那些一贯"听话的好孩子"，到了社会上，他们的成就好像并不出色，甚至不及那些"不太听话"的孩子。

因此，作为家长，必须接受孩子成长中痛苦的过程，让孩子自己做出选择，承担后果。

有这样一个华人，在美国一个家庭目睹了两个例子。第一个例子：饭桌上，2岁多的儿子不肯喝牛奶，要像大人一样喝可乐等各种饮料。第二个例子：还是这个孩子，这时已4岁了。一次在饭桌上，不知为什么大哭起来。两次都是当着客人的面。类似的麻烦，很多中国家长可能是这样处理的：

1.迁就型

因为客人在，图省事，就迁就孩子，只要孩子"听话"、不哭不闹，什么都可以答应。

2.哄骗型

"你现在把牛奶喝了，听话！爸爸明天带你去儿童公园。""你现在不哭，爸爸明天……"但你都是随口说说而已，自己心里不当真，只求孩子快点"听话"。

3.回避型

"去跟妈妈讲，爸爸这里有客人。去，听话！""××，你把他带出去一会儿！这小孩，太不懂事！"然后你朝客人苦笑，摇头，表示"无可奈何"。

4.训斥羞辱型

"听话！不许喝（可乐）就是不许喝！不要以为有客人在，我会迁就你！""不许哭，难不难为情？当着客人的面！"你拿出做父亲的权威，严格不迁就。

5.说理型

对孩子说牛奶如何有营养，可乐怎么对小孩健康不利；对孩子说吃饭时候哭，如何会影响身体健康；"客人看着，××是不是一个听话的好孩子"，有时还邀请客人配合说理、哄骗、吓唬。你对孩子慈爱，教子耐心。

父母的做法还常常没个定数，这次是迁就，下次是训斥，大都要看你当时的心情而定。而正是你变化无常的沟通模式，让孩子学会了变化无常的行为反应。

那么，那位美国父亲是怎么做的呢？面对第一种麻烦，这位父亲每次都只有一句话：喝完了牛奶，可以在我杯里喝一口可乐。隐含的选择是：你可以不喝牛奶，当然也没有可乐喝。父亲口气坚决，是"告诉孩子除此没有商量余地"；父亲态度和蔼，是认为2岁的孩子有这样的行为是正常的，不认为是"不乖"。孩子选择喝完自己的牛奶，父亲说话算数，当场兑现，笑眯眯地允许孩子在自己的杯里喝一口可乐。面对第二种麻烦，父亲同样是和颜悦色的，但语气严肃：我们在谈话，要哭，你可以到你的房间里去哭；想坐在这里和我们一起说话，就别哭。他同样不觉得孩子的行为使自己"尴尬"，孩子选择了不哭。

可见，这是一位高明的父亲，他既没有批评责骂，也没有讲什么道理，他不强求孩子喝牛奶，也不直接制止孩子哭，他只是很具体地指出孩子可以选择的行为，以及每种行为的结果。在整个过程中，父亲对孩子的沟通是具体的、明白的、民主的。这位父亲并没有要求孩子"听从什么话"，只是要求他自己做决定。

他是真正把孩子当作"小人"看：不管有没有客人，2岁的孩子吵着要喝可乐，不要喝牛奶，是正常的；饭桌上，4岁的孩子大哭也是正常的。父亲不会因此感觉"尴尬""失面子"。

让孩子自己做选择，能帮助孩子树立独立的信心，因为一个人做出什么样的选择，就是在描绘他今后的人生，对孩子的成长至关重要。

许多父母认为，孩子还小，由着他们自己做决定，还不乱套了。而日常生活中不过都是一些细细碎碎的琐事，处理"得当"最好，"不当"也难免，孩子从出生到长大成人，每个父母所面对的大都是诸如此类琐碎的日常小事，但孩子"成长的秘密"正是"发生"在这混沌的日复一日、大同小异的一件件小事情中。当小孩子刚开始具有理解能力，就应该让孩子自己在可能的范围内去选择。例如，对一个2岁的小孩，每天早晨，当他起床的时候，让他从T恤衫、裤子、袜子中挑选自己喜欢穿的衣物。父母要相信，孩子通过选择，能养成自理的能力。这样他长大后，就能从容面对日常生活中许多重要的选择，即使他承担了很负面的后果。这是孩子成长的必经之路，没有痛苦，就无法成长。

当然，让孩子自己做决定，并不是一切由着孩子说了算，也不是父母在任何情况下都不能对孩子有命令性、强制性要求，在一些重大事情上，父母对孩子的强制要求、行为规范是必要的，父母不可放弃作为孩子法定监护人的职责。但父母要把握一个"度"，不可事无巨细都要孩子听从父母，不能超雷池一步。

第9章

孩子需要批评也需要赞扬：孩子的自信来源于父母的鼓励

在很多人会问："对人一生产生影响力的因素中，谁的作用最大？"毋庸置疑，一定是父母。有美国情感纪录片显示，一位父亲无意中的一句话，不仅影响了其女儿在童年时期审美观的形成，还直接影响其婚姻质量。儿童心理学家认为，无论是表扬还是批评，父母一定要选择得当的话语，其作用可能影响孩子一辈子。

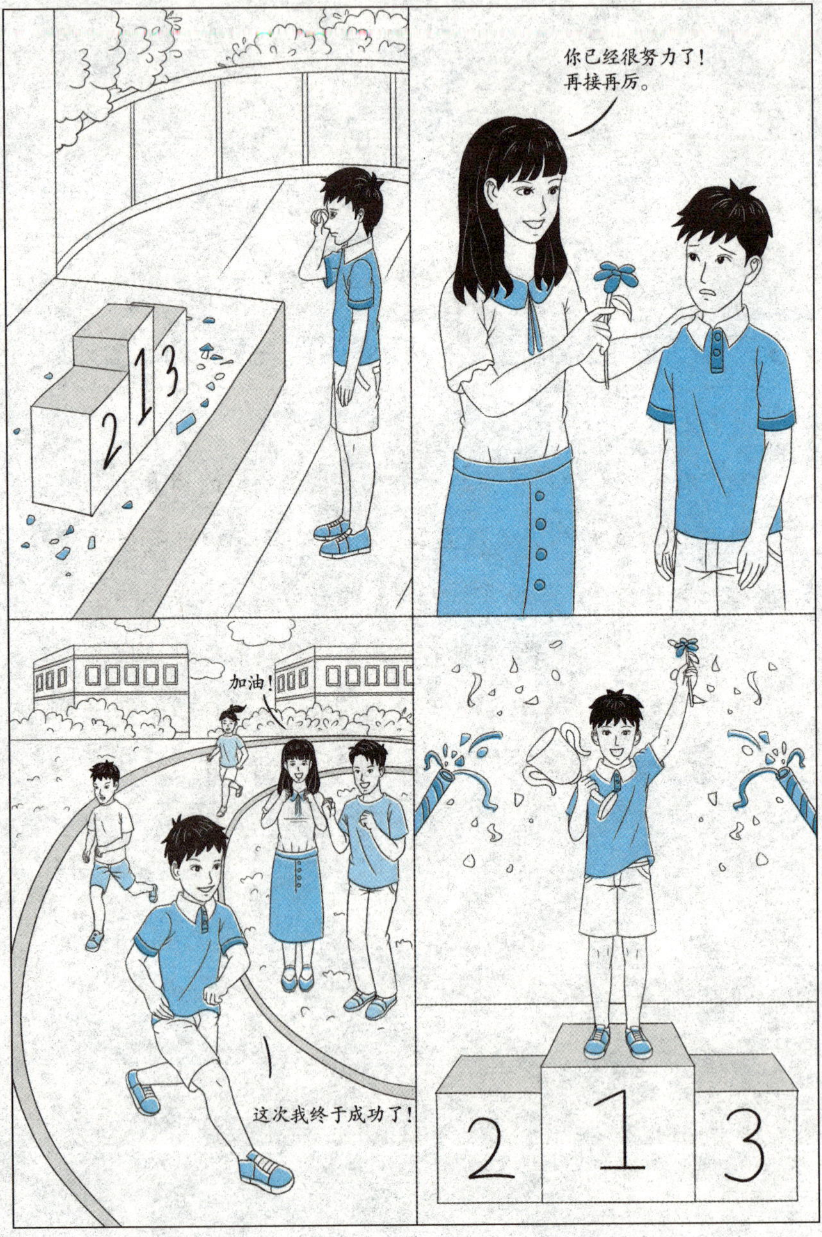
你已经很努力了！
再接再厉。
加油！
这次我终于成功了！

赏识教育，孩子需要你的赏识

对于任何一个家庭来说，孩子是否能健康、愉快地成长是家庭是否幸福、和谐的重要因素之一。但如何教育孩子却是令很多家长困扰的问题。随着教育理念的更新，家长对孩子的教育也从以前的严厉批评、严格管教变成了现在的"赏识教育"，这对于孩子来说无疑是一件幸事。孩子天生需要赏识，就如同花草需要阳光和雨露，鱼儿需要溪流和江河。

美国心理学家威谱·詹姆斯有句名言："人性最深刻的原则就是希望别人对自己加以赏识。"孩子毕竟是孩子，他们的独立意识尚未形成，非常在乎他人眼里的自己，因此，对孩子进行"赏识教育"，尊重孩子，相信孩子，鼓励孩子，不仅能让我们及时看到孩子身上的优点和长处，进而挖掘其身上巨大的潜力，还能拉近亲子间的距离，帮助孩子健康成长。

不论男孩还是女孩，好孩子不是批评出来的，好孩子是科学地夸出来的。因此，赏识教育可以说是亲子教育的灵魂。

心理学家赫洛克曾做过一个实验，他把被试者分成四个组，在四种不同的环境下完成任务。

第一组在工作后会得到表扬，被称为"表扬组"。

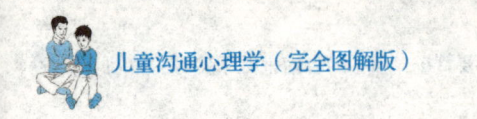

第二组在每次工作后将受到严厉训斥，被称为"受训组"。

第三组在工作后得不到任何评价，他们只是静静地听其他组员被表扬或被批评，被称为"被忽视组"。

第四组是被隔离的一组，不知道自己干得如何，被称为"控制组"。

结果工作成绩是：表扬组成绩明显优于被忽视组，积极性也高于受训组，受训组的成绩不稳定，而前三组均优于控制组。

这就是"赫洛克效应"，它是指对于工作结果及时给予评价，能强化工作动机，可对工作起促进作用。适当表扬的效果明显优于批评，而批评的效果比不予任何评价要好。

赫洛克效应用于家庭教育当中也同样有效。什么是赏识呢？所谓"赏"，就是欣赏赞美，"识"，就是认识和发现，综合起来的意思就是家长要认识和发现自己孩子所特有的长处与优点，并加以有目的的引导，勿使其压抑和埋没。

很多家长说：我该怎么夸孩子呢？总不能一天到晚说"好啊，乖啊"。这里就谈到了赏识教育的中心话题。鼓励孩子，让孩子在"我是好孩子"的心态中觉醒，同时一定要注意表达的方式和内容。具体来说，你的赏识必须满足以下两个要求：

1.真实的表扬

对于孩子的赏识一定要是发自内心的，而不是虚伪的。

你可以不直接表达你的赞赏。例如，你可以说："红红，你这件裙子哪里买的呀，我也想给我家安安买一件呢，却一直没见到，回头你能不能带我去？"你这样说，她也会觉得自己的衣服很好看，觉得自己的眼光得到了别人的肯定，虽然你没有直接夸奖，但效果达到了。不要认为孩子是可以随便哄哄的，假惺惺的夸奖会被他们识破。

2.表扬不要附带条件

有些家长虽然也认识到了赏识教育的重要性，但却担心孩子会骄傲，于是，他们常常会在表扬后加上一个附带条件，如："你做这件事很对，但是……"这类家长认为这样会让孩子更有接受教训的心理承受能力，其实，孩子最害怕这类表扬，他们会以为你的表扬是假惺惺的。因此，你千万不要低估孩子的智力，他们是能听出你的话中话的。

对于孩子的表扬最好是具体的。如："真乖，今天你开始自己学会叠被子了。""我听李阿姨说你今天主动跟她打招呼了，真是个懂礼貌的孩子"……

我们家长一定要好好运用"赏识"这个法宝，不要认为孩子做好了、学好了是应该的而疏于表扬，渴望被人赏识是人的天性。大人们也是如此，就连美国著名的作家马克·吐温先生也曾经说过："凭一句动听的表扬，我能快活上半个月。"

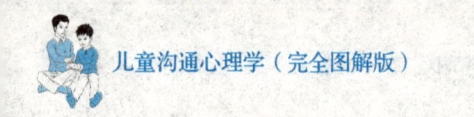

多给孩子以积极的心理暗示

有人说，孩子是父母的作品。父母希望孩子朝什么方向发展，孩子就会朝什么方向前进。生活中，一些父母为了让孩子长大以后谦虚为人，并取得更大的成功，他们在孩子很小的时候就给孩子一些消极的暗示，并在教育中一味地指出孩子的缺点，去指责他，以至孩子真的认为自己有这样那样的问题，孩子的心灵倾斜了。

罗森塔尔是20世纪美国著名的心理学家，他曾做过这样一个试验：

1966年，他来到一所普通的中学，并走进一个班级，然后在教室里随便转了一圈，就在学生的点名册上圈了几个名字，他告诉正在上课的老师，这几个学生智商很高，很聪明。

几个月以后，他又来到这所中学，令他惊奇的事情发生了，那几个被他选出的学生现在真的成为班上的佼佼者。

为什么会出现这种现象呢？这就是"暗示"的神奇魔力。

事实上，我们每个人在生活中都会接受来自外界的一些暗示，有些暗示是积极的，有些是消极的。对于孩子来说，他们最亲近、最信任的人是他们的父母，因此，父母对他们的暗示的影响是巨大的，如果他们长时间能接受到来自父母的积极的肯定、鼓励、赞许，那么，他就会变得自信、积极。如果他们收到的是一些消极的暗示，那么，他们就会变

得消极悲观。

这就是著名的"罗森塔尔效应"。这一效应表明，一个孩子能不能成才，取决于家长和老师能不能像对待天才一样爱他、教育他。我们再来看下面这位母亲是怎么教育孩子的：

夏雨是个可爱的女孩，但成绩却极差，尤其是到了小学三年级后，更成了班级中的后进生，这令她的父母很是头疼。她的妈妈对老师说："自打孩子上学以来，我都被弄得心力交瘁了。我为了她的学习辞了工作，每天为她做早餐、收拾书包、检查作业、辅导功课，但我的努力并没多少效果，她一点也不听话，我真不知道该怎么办了。"

看着一脸无助的夏雨妈妈，老师说："其实，夏雨是个聪明的女孩，只是她对学习提不起兴趣而已，所以自觉性差，如果我们能换一种教育方法，多鼓励她，我想她会进步的。"夏雨妈妈仿佛一下子看到了希望。

后来，妈妈开始对女儿实行赏识教育，孩子考得再差，她也会鼓励她："乖女儿，你这次好像又进步了点，后面的学习如果也像这样该有多好，妈妈相信你。"夏雨露出了惭愧又充满信心的表情。

除此之外，夏雨的妈妈在孩子遇到学习中的问题时，也会将心比心地说："你会做这么多道数学题已经很不错了，妈妈那时候做数学检测，100题只能答对30题呢。"

后来，当妈妈再次去学校开家长会时，老师对她说："夏雨现在学习很努力，课堂上总能够看到她举手回答问题，她的发言，也让同学们对她刮目相看。课间她不再独处了，座位边也围上了同学。"听到老师这么说，夏雨妈妈很是欣慰。

从这则教育故事中，我们得出，我们家长一定要好好运用"积极暗示"这个法宝。我们也可以发现，父母对孩子的期望态度会影响到孩子。如果你认为你的孩子是优秀的，那么，他就会按照你的期望去做，甚至会全力以赴让自己变得优秀起来；而反过来，如果你总是挑孩子的缺点、毛病，那么，他们就会产生一种错觉：我不是好孩子，爸爸妈妈不喜欢我，我好不了了。这样，即使孩子有了振翅欲飞的念头，也难以相信自己会飞。因此，家长积极的期望和心理暗示对孩子很重要。

儿童是处于生理、心理变化关键时期的特殊群体，他们尚未形成独立的自我意识，非常在乎他人对自己的看法。因此，对孩子进行"积极暗示"，尊重孩子，相信孩子，鼓励孩子，不仅可以及时发现他们身上的优点和长处，挖掘隐藏在其身上巨大的、不可估量的潜力，而且能够缩短家长和孩子的距离，从而促进孩子健康成长。

适度批评，不可伤害孩子自尊

我们都知道，为人父母，除了给孩子生命，还需要教育他们。孩子犯错了，批评管教少不得，但孩子的心灵是脆弱的，我们批评教育孩子千万不能过度。因此，任何批评都必须讲方法，如果孩子一犯错，就采取谩骂、呵斥的方式，那么，不但不能让孩子接受并改正错误，还会让孩子产生逆反情绪。

然而，很多父母却经常犯这样的错误：三番五次地对孩子说："跟你说过多少遍，做作业的时候不要玩其他的。"可是孩子还是边学习边玩；妈妈经常提醒孩子不要打架，可孩子还是"恶习"不改；面对孩子的网瘾问题，父母强行干涉，结果把孩子逼急了，孩子居然离家出走……

实际上，父母过分的叮嘱、管教不但不能起到预期的效果，反而会使孩子的神经细胞处于抑制状态，从而产生逆反心理。因此，任何父母在教育孩子的时候，都应把握一个度，时间不能过长，内容也不应过多。

到吃饭时间了，小琳做好了饭，喊4岁的儿子吃饭，可是叫了几遍儿子都没反应，还在玩玩具，小琳一气之下夺走了儿子手上的玩具，儿子也不高兴了，居然跟妈妈抢起来。小琳这下可火了，生气地把孩子训了一顿。可是，训完之后，看着躲在墙角哭得惨兮兮的儿子，她心又软了，开始后怕：自己这样批评孩子，会不会给他留下心理阴影？

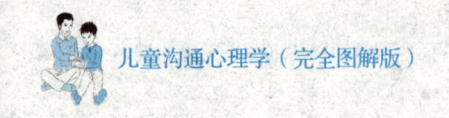

和小琳一样，可能很多家长都遇到过这样的困扰：孩子难免会犯错，不批评是不可能的，可我的批评会不会过火呢？或者说，怎样批评，才能既起到教育的作用，又不伤害孩子呢？

心理专家告诉我们，在批评之前，应了解孩子的承受能力，并选择适合的批评方式。父母必须掌握以下几个在批评孩子时说话的原则：

1.注意时间和场合

批评孩子要避免以下三个时间：清晨、吃饭时、睡觉前。

在清晨批评孩子，可能会破坏孩子一天的好心情；在吃饭时批评孩子，会影响孩子的食欲，长此以往会对孩子的身体健康不利；在睡觉前批评孩子，会影响孩子的睡眠，不利于孩子的身体发育。

2.批评孩子之前要让自己冷静下来

孩子犯了错，家长担心孩子会学坏很正常，难免也会产生一些情绪，但千万不能因为一时冲动说出不该说的话，做了不该做的事而伤害到孩子。

3.先进行自我批评

父母和孩子每天打交道，也是孩子的第一任老师，孩子犯了错，父母或多或少都有一定的责任。在批评孩子之前，如果父母能先来一番自我批评，如"这件事也不全怪你，妈妈也有责任""只怪爸爸平时工作太忙，对你不够关心"等，会让家长和孩子的心理距离一下子拉得很近，会让孩子更乐意接受父母的批评,还可以培养孩子勇于承担责任、勇于自我批评的良好品质,一举多得,父母又何乐而不为呢?

4.一事归一事

有些父母很喜欢"联想",一旦孩子犯了什么错,就联系到孩子以前犯过的所有错误,甚至给孩子贴上坏孩子的标签,这样只会给孩子造成心理阴影。事实上,在批评孩子的时候,我们应该明白自己批评孩子,是为了让他知道,做什么样的事会带来什么样的后果。

5.给孩子申诉的机会

孩子犯错的原因是多种多样的,有孩子主观方面的失误,但也有可能是不以孩子的意志为转移的客观原因造成的。从主观方面来说,有可能是有意为之,也有可能是无心所致;有可能是态度问题,也有可能是能力不足等。

所以,当孩子犯错后,不要剥夺孩子说话的权利,要给孩子一个申诉的机会,让孩子把自己想说的话和盘托出,这样家长会对孩子所犯的错误有一个更全面、更清楚的认识,对孩子的批评会更有针对性,也能让孩子心悦诚服地接受批评。

6.批评孩子之后要给孩子心理上一定的安慰

孩子犯错后,情绪往往会比较低落,心情往往也会受到影响。父母在批评孩子后,应及时给孩子一些心理上的安慰。从语言上来安慰孩子,如说些"没关系,知道错了改正就行""我知道你是个聪明的孩子,自己会知道怎么做""爸爸妈妈也有犯错的时候,重新再来"之类的话。

在家庭教育中,父母对孩子的说教应注意"度"。如果"过度",会产生"越限效应";如果"不及",又达不到教育的目的;掌握好分寸,做到"恰到好处",才能使你的训导对孩子起到"四两拨千斤"的作用。

失败很正常,万不可用批评打压孩子

市里最近要举办一个电子琴大赛,黄女士听到这个消息后,就给女儿报了名,她相信,女儿一定能拿到奖项,因为女儿从小弹琴,一直是学校最好的文艺生。但奇怪的是,就在比赛即将开始的前一天晚上,女儿对黄女士说:"妈妈,我不想参加了。"

"为什么?"

"因为我知道我肯定会让你丢脸,还不如不参加。"

"你怎么这么不自信?"黄女士有点生气了。

"因为你经常说我没用,如果这次没拿奖,你肯定又会这么说。"听完女儿的话,黄女士若有所思……

作为父母,我们不妨思索一下,我们的孩子为什么没有自信、不敢参与竞争?我们的孩子为什么怕失败?乍一看,这个问题的答案似乎应该由孩子来回答。可能当我们的孩子第一次参与竞争时,他意气风发,甚至当我们对孩子说:"别的同学都在努力复习,你怎么不看书?"他会回答:"不用,我都复习了,全在我的脑子里。"其实,对于参加每一次竞争活动,孩子比成人有大将风度,他们关注的是这个活动是否有趣,这个舞台是否热闹,至于结果则不会太在意。因此,有时候,不是孩子怕失败,而是家长自己太注重输赢,这也就是每当孩子失败时,我们心情低落而把情绪发泄在孩子身上的原因:"真是没用的东西!""你就不能给我争一次气?"

在很多比赛中,我们可以看到,孩子赢了,家长会极力奖励孩子,包括语言上的赞美、肢体动作上的亲密、物质上的奖励等,但一旦孩子输了,家长往往会保持沉默,有的甚至会骂孩子。这种对待儿童输赢的态度也直接加剧了孩子消极情绪的积累,加剧了孩子害怕失败的心理。

当然,有少数孩子能在打击中越挫越勇,最后形成优秀品质,但是大部分孩子可能都达不到我们的目标,长期接受父母未过滤的直白抱怨,尤其是针对自己的这些消极评价,要培养他们的自信心和自尊心,有点强人所难。一位心理医生非常痛心地讲述他碰到的现象:"很多家长为了孩子的问题来找我,当他们绘声绘色地描述着孩子的不良行为时,孩子就站在旁边听着!"这就是很多孩子不自信的原因所在,家长也许可以尝试一下,别时刻摆出一副居高临下的姿态嘲笑或教训孩子。

要知道,父母在每个孩子的生活、学习中都占据着重要位置，父母对孩子失败与成功的看法也直接影响孩子对输赢的态度，一旦父母过于关注结果，会直接加剧孩子怕输的心理。因为对于儿童来说，他们的自我意识开始萌芽，更在意父母对自己的看法。面对失败，作为参与者的他们已经很沮丧，如果父母再加以批评与打压，那么，孩子的自信与勇气就都流失了。

那么，当孩子失败后，我们该怎么做呢？

1.检查自己的价值观念

你是否也有这样的感受，当孩子在比赛中失利后，你是否觉得很没面子？你是否觉得你的孩子不够聪明？事实上，孩子对自己的评价很多时候是来自家长的。如果一个孩子认为自己的父母只在乎他的成绩和比赛结果，那么，一旦失败，他们便会产生消极、悲观的思想。很多孩子也知道家长爱自己，但却并不认为自己和父母是平等的，他们会认为父母是自己的保护伞，但却不肯定你是否真的重视他的感觉。所以即使你的孩子这次失败了，你也不要用那些消极的语言打击他。

2.注意你的教育语言

绝对不能对孩子使用的措辞：

"你为什么就不能够像谁谁。"孩子被对比，很可能增加他们本能的敌对情绪，甚至耿耿于怀。

"你真不懂事。"原本孩子做事就缺乏信心，这样的话更易刺伤他们，以后只会越做越糟。

"你真笨。"这绝对是最伤孩子的话，自卑、孤僻、抑郁、堕落都可能因此话导致。

……

3.不要随意惩罚孩子

打骂会对孩子的心理造成损伤吗？答案是：当然！我们不能把自己对孩子失败的烦恼发泄在孩子身上，更不能当着外人的面打骂或嘲笑挖苦孩子。家长应该时刻牢记，自己应该始终给孩子坚强的拥抱，如果以恶劣的态度对待孩子，一来会激发孩子的逆反心理，二来会打击孩子脆弱的心灵。更糟糕的是，孩子还会怀疑家长是否真的爱他。

很多家长都有这样的经历，因为孩子不争气，一时气愤打骂了他，过后又心疼后悔，想方设法补偿。说实话，这一系列行为对孩子的成长没有任何意义，孩子不会因为粗鲁的打骂而愈加努力，相反，他们会感到委屈和伤心，自信心也会受到打击，甚至有可能一蹶不振。

总之，作为父母，如果你希望孩子能坦然面对失败，勇敢面对挫折，首先要做到的就是端正自己的态度。

别当着外人的面宣扬孩子的过错

有位家长在谈到教育孩子的心得时说：

"有一天晚上，我和女儿在玩学习机，她突然仰起小脸凑到我的脸前说：'妈妈我给你说件事，你以后就只在我面前说我不听话，别在人家面前说我不听话。'说完她就亲了亲我的脸，不好意思地对着我笑。看着女儿，我的心里突然好酸，心情也久久无法平静，她才只有3岁半啊。3岁半的孩子希望妈妈只在她的面前说她、批评她，而不要在别人面前说她不听话，孩子的心是多么敏感脆弱。我心疼地抱起女儿，向她保证以后决不在人家面前说她不听话了。"

英国教育家洛克曾说过："父母不宣扬子女的过错，则子女对自己的名誉就越看重，他们觉得自己是有名誉的人，因而更会小心地去维持别人对自己的好评；若是你当众宣布他们的过失，使其无地自容，他们便会失望，而制裁他们的工具也就没有了，他们越觉得自己的名誉已经受了打击，则他们设法维持别人的好评的心思也就愈加淡薄。"实际情况正如洛克所述，孩子如若被父母当众揭短，甚至被揭开心灵上的"伤疤"，那么孩子自尊、自爱的心理防线就会被击溃，甚至会产生以丑为美的变态心理。

很多家长就产生了疑问："孩子自尊心强，难道孩子有过错就不能指出来吗？"答案当然是否定的，但是批评孩子也要掌握一定的原则和技巧，不能当众批评。家长应注意一些方式方法：

1.低声

家长应以低于平常说话的声音批评孩子，"低而有力"的声音会引起孩子的注意，也容易使孩子注意倾听你说的话，这种低声的"冷处理"，往往比大声训斥的效果要好。

2.沉默

孩子在犯错之后，会担心受到父母的责备和惩罚，如果我们主动说出来，孩子反而会觉得轻松了，对自己做错的事也就无所谓了。相反，如果我们保持沉默，孩子会产生心理压力，进而进行自我反省，然后发现自己的错误。

3.暗示

孩子有过失，如果家长能心平气和地启发他，不直接批评他的过失，孩子会很快明白家长的用意，愿意接受家长的批评和教育，而且这样做也保护了孩子的自尊心。

4.换个立场

当孩子惹了麻烦遭到父母的责骂时，往往会把责任推到他人身上，以逃避父母的责骂。此时最有效的方法是，当孩子强辩是别人的过错、跟自己没关系时，回敬他一句，"如果你是那个人，你会怎么解释？"这就会使孩子思考"如果自己是别人，该说些什么"，在思考过程中孩子会发现自己也有过错，并会反省自己把所有责任推给他人的错误。

5.适时适度

这正如以上说的，不能当众批评，而应"私下解决"，这能让孩子明白父母的良苦用心，尊敬之心油然而生，如孩子考试成绩不理想时，家长可以和孩子一起坐下来分析一下考试失利的原因，提醒孩子以后避免此类情况的发生，就比批评孩子不用功、上课不认真效果要好得多。批评教育孩子，最好一次解决一个问题，不要几个问题一起解决，让孩子无所适从；也不要翻"旧账"，使孩子惶恐不安；更不要一有机会就零打碎敲地数落，把孩子说疲塌了，最后对于父母的教育也就无动于衷了。

孩子毕竟是孩子，难免会犯错，家长进行批评固然重要，但是家长在批评的时候，千万要注意不要在人多的地方对他横眉立目地训斥指责，否则会伤害孩子的自尊，在一定的场合也要给足孩子的面子。尊重孩子，保护他的面子，掌握批评的方式方法，这对孩子的成长来说是极为重要的。

第 10 章

强化沟通能力，依据心理学效应架起与孩子沟通的桥梁

我们都知道，我们父母是孩子成长路上的引路人，但在教育孩子的问题上，一些父母确实过于急躁，一旦孩子"不听话"，就乱了方寸，以为压制、命令、呵斥就能让孩子走回"正途"，但往往事与愿违。实际上，这是缺乏沟通导致的，要想正确教育孩子需要父母架起与孩子沟通的桥梁。

这次语文成绩很好，但是数学成绩不理想，你觉得是因为什么呢？
因为最新的数学知识点太难了，我没跟上学习进度。
让爸爸给你辅导辅导，他当年可是数学高手呢。
你看，这里应该代入这个公式……
谢谢爸爸！
别客气！

习得性无助：学习上自卑的孩子需要你的帮助

生活中，很多家长都听到孩子在学习成绩不佳时这样说："算了，就这样吧，没用的。""听天由命吧！"……孩子这种消极、自卑的心理是他们在学习上积极进取的最大杀手，作为家长，一定要注意孩子的态度，如果你发现孩子在学习中表现出自卑的情绪，一定要帮助孩子重塑自信。关于这一点，心理学上有个著名的名词——"习得性无助"。

"习得性无助"是美国心理学家塞利格曼1967年在研究动物时提出的。

他用狗做了一项实验。他先把狗关进笼子里，当准备好的蜂音器一响，就电击笼子里的狗，关在笼子里的狗只能呻吟和颤抖。就这样重复了几次之后，他再一次打开蜂音器后，在电击之前将笼子的门打开，但奇怪的是，狗居然没有夺门而出，而是在电击之前一听蜂音器响就呈现出痛苦状。

原本，这只狗可以主动地离开笼子，免除痛苦，但它却什么也不做，被动承受痛苦。心理学家把这种在受到多次挫折之后产生的对情境的无能为力感叫作习得性无助或习得性绝望感。

那么，"习得性无助"又是怎样产生的呢？原因很简单，当一个人总是经受失败和打击，体验到的成功太少了，或者根本没有尝到成功的滋味，那么，他就会形成一种无助感、自卑、失望、悲观，甚至对自我价值的认知也是消极的。

习得性无助是一种常见的心理现象，它不仅发生在成人当中，在孩子中也普遍存在。例如，有些孩子之所以对学习提不起兴趣，一到上课就睡觉，甚至厌学、逃学，很大一部分原因就在于学习上的"习得性无助"。因此，作为家长，一定要注意孩子的情绪，不要让孩子产生"习得性无助"。对于自卑的孩子，一定要帮助他们重拾信心。

具体来说，家长可以这样做：

1.尊重孩子的成长规律，不要总是拿他和其他孩子比

我们不得不承认的是，每个孩子的智力是不一样的，学习能力也不可能完全一样，因此，当你的孩子学习得比其他人慢时，你不能打击他："你怎么这么笨啊，你看人家半个小时就能背下来，你怎么就是背不下来。"本来孩子在努力地学习，你却一味地拿他和别的孩子比较，这势必会给孩子造成一定的心理压力，孩子会认为自己真的比别人差、比别人笨，于是形成恶性循环。其实家长需要做的是为孩子营造宽松的家庭氛围，以使孩子能够放松心态，自然地进入求知状态。

2.不要总是批评孩子

有的父母认为"棍棒之下出人才"。而事实上，那些很少受到父母表扬、总是被父母批评的孩子很容易失去自信心，

对自己力所能及的事也会产生退缩心理，从而慢慢地失去主动性，形成对任何事都漠不关心的态度。

3.关注孩子的点滴进步

有的孩子学习成绩差，家长总是焦急甚至埋怨。要知道，孩子的学习成绩的转化是需要一个过程的，今天的他考50分，你不可能让他明天就考100分。因此，你需要有耐心，要关注孩子的点滴进步。如果他的努力和进步被忽略，或者努力没有取得任何效果，孩子就会怀疑自己的能力，进而产生习得性无助感。

所以，家长要特别关注孩子的点滴进步，发现他们的闪光点。要善于纵向比较，多表扬和鼓励，让孩子看到自己努力的成果，从而产生自信，减少挫折感。

4.鼓励孩子大胆尝试

孩子都是充满好奇心的，他们很喜欢尝试，对此，家长应给予鼓励和指导，千万不要打击孩子动手的积极性。即便孩子做错了，也不要训斥，要无条件地积极关注自己的孩子，鼓励和帮助他树立自信心，排除挫折，远离无助感。

孩子天生就是积极的，喜欢尝试的，但在接受后天教育的过程中，如果他们很少成功，经常被父母批评等，就会开始变得胆小、自卑、消极，这对于孩子的成长是极为不利的。因此，为人父母，我们有必要关注孩子在成长过程中的情绪变化，一定要避免让孩子产生习得性无助。

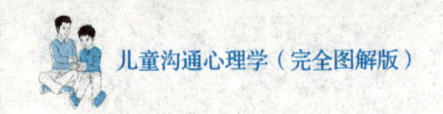

手表定律：与孩子沟通，父母要保持一致的态度

我们深知一个道理，假如我们只戴一块手表，我们就能知道时间，当然，手表走得可能并不准确。如果我们拥有两块或者两块以上的手表，我们就无法知道更准确的时间，因为两块手表会让我们陷入混乱之中，使得我们对准确的时间失去信心。

这就是著名的手表定律。手表定律的深层含义在于：任何一个人，都不能同时接受两种或两种以上的行为准则和价值观念，否则，他的工作和生活必将陷入混乱。同样，家庭教育中，我们教育孩子，父母双方也要保持一致的态度，否则，孩子将无所适从。

我们不难发现的一点是，在中国，传统的家庭模式多半是严父慈母，就是指父母"一个唱红脸，一个唱白脸"，他们相互配合，在教育孩子的时候，一个正面教育，一个配合，相得益彰。事实上，这种做法并不合理。试想，如果父母双方一个执行自己严格的教育方法，另一个则表现得过于温和，对孩子一味迁就，那么就会出现这样的情形：孩子见到严厉的家长就会像老鼠见了猫一样，唯唯诺诺；而见到温和的家长，就马上像换了一个人似的，立即变得放肆起来，甚至不把这位家长的话放在心里。久而久之，孩子的性格和会变得不稳定，甚至会出现性格上的缺陷，这不利于孩子树立正确的人生观和价值观。

周末，小雷满身泥巴地回来，衣服还撕破了，妈妈知道他肯定又是和小伙伴们打架去了，就问："你是不是又打架了？"

"是他们先耍赖的,说好了,谁输了球谁就请客吃冰棍。"小雷解释道。妈妈听了气不打一处来,就直接骂道:"跟你说过多少遍了,不要和别人打架,难道你长大了想当混混不成?"说完,她伸出手准备打小雷,小雷吓哭了。

这时,正在看报纸的爸爸从卧室走出来,他赶紧说:"来,雷雷,到爸爸这儿来。"小雷赶紧躲进卧室,爸爸对他说:"别哭了,爸爸就觉得你没有错,不过一个男子汉要勇敢点,不要动不动就哭,来,笑一下。"听到爸爸这么说,小雷笑了。

其实,这样的教育场景在生活中经常出现,在孩子眼里,父母好像很喜欢红白脸配合,但到最后,教育孩子的效果似乎并不明显,孩子的错误并没有改正,因为他们不知道到底谁说的是对的。

因此,根据手表定律,作为父母,在教育孩子的时候,必须保持一致的态度,具体来说,我们需要注意以下几点教育方法:

1.教育孩子前先商量,保持意见一致

在教育方法上,父母的意见不一定一致,因此,父母一定要学会求同存异,在教育孩子前先沟通。如果做不到这一点,孩子就会左右为难,心中充满矛盾,心理上也会产生压力,不知道自己到底怎样做才对。

例如,生活中,有些父母就喜欢唱反调,就像故事中小雷的父母一样,妈妈教育孩子,爸爸却出来阻拦,并说:"别听你妈妈的,她不懂。"以至于孩子不知道到底听谁的好。这样做,还会导致夫妻因教育方法不同而吵架,甚至导致家庭矛盾

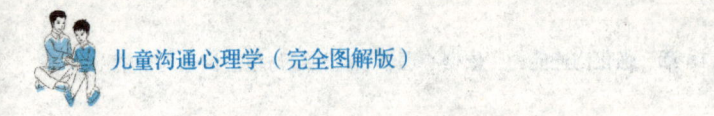

加剧。因此，夫妻双方应尽可能在大问题上一致，并注意减少矛盾，给孩子一个统一的价值观。

2.征求孩子的意见

一切教育方法都应该在孩子能接受的基础上进行，因此，聪明的父母在教育孩子时，多半都会征求孩子的意见，如孩子犯了错，你可以让他自己选择惩罚的方式，这样也就避免了和父母唱反调的情况。

3.不要当着孩子的面吵架

在实施教育的过程中，一些父母在出现矛盾时便提高音量，然后企图以吵架的方式解决问题。这样做，只会降低在孩子心中的威信。

同一个人不能同时选择两种不同的价值观，否则他的行为将陷于混乱。同样，一个人的行为不能由两个以上的人来指挥，否则将使这个人无所适从。根据手表定律我们可以得出，对孩子的教育，不能同时采用两种不同的方法，设置两个不同的目标，提出两个不同的要求，否则会使孩子无所适从，甚至使其行为陷于混乱。

鼓励效应：孩子的自信来源于父母的鼓励

森森已经11岁了，她一直爱好音乐，爸爸妈妈虽然不同意淼淼以后以音乐为生，但拗不过她，还是答应了她的要求，每周末要么去学钢琴，要么去学小提琴等。但淼淼是个三分钟热度的孩子，兴趣来得快，也去得快，爸爸妈妈从没想过淼淼能学出什么名堂来。

一个周六的晚上，妈妈和爸爸一起去小提琴培训班接淼淼，回家的路上，淼淼说："爸妈，我想参加市里面的小学生小提琴大赛，我们学校都没几个人敢报呢？你们说我可以报名吗？"

"我看你，平时出于兴趣，去学一下那些，我们是不反对的，可是比赛，你还是别报名的好，肯定没戏……"淼淼爸爸给女儿泼了一头冷水。

"你可别这么说，谁说我们淼淼没戏了，我看淼淼很有音乐天赋。淼淼，你去报名，妈妈相信你一定可以的！"受到妈妈的鼓励后，淼淼顿时精神大振。

从那天后，淼淼把每天的空余时间都拿来练琴，小提琴拉得越来越好，果然，在市里的小学生小提琴大赛上，淼淼不负厚望，取得了第二名的好成绩，而淼淼妈妈也认为自己是最有眼光、最明智的妈妈。

自信心是一种积极的心理品质，是人们开拓进取、向上奋进的动力，是一个人取得成功的重要心理素质。自信心在个人成长和事业成就中具有显著的作用。对于成长阶段的孩子来说，如果缺乏自信心，常常出现胆怯、遇事畏缩不前、害怕困难、不敢尝试的情况，那么孩子的认知能力、动手能力、交往能力及运动能力等的发展就缓慢；相反，如果孩子具有自信心，胆子大，什么事都敢尝试，积极参与，各方面发展就快。

代偿心理：不要把孩子当成实现自己理想的工具

每一个父母都对自己的孩子报以殷切的期望，这种期望，多半还和自己的经历、梦想有关系。如有的家长没有上过大学，便希望孩子无论如何都要上大学；有的家长曾经在艺术的道路上因为外在原因没有闯出一番成就来，便希望孩子能继续走自己没走完的路；还有一些家长，自打孩子出生，就为孩子定了一条人生之路……这些家长并没有征求孩子的意见，也不问孩子是否愿意。一些听话的孩子自然会遵从父母的愿望，但大多数孩子会产生逆反情绪。这就是心理学中"代偿心理"在家庭教育中的反映。因此，我们教育孩子时，一定要避免"代偿心理"对孩子的伤害。

那么，什么是"代偿心理"呢？

生活中，有些人当自己的理想无法实现时，便开始为自己积极寻找一个新的"理想代言者"，这一对象多半是他们的子女，也就是说，他们希望自己的孩子能帮助自己完成某一心愿或理想。实际上这是一种自欺欺人的心理。他追求的目标并未重新设立，只是为自己找了个替身，即使这个替身真的为自己实现了理想，这也只是一种假象而已。这就是"代偿心理"。

我们必须承认的一点是，很多家长都把"代偿心理"运用到了亲子教育中，很多家长在教育孩子时很少考虑到孩子的感受，而是把孩子当成实现自己理想的工具。他们在自己成长的过程中，因为种种原因而未能实现自己的愿望，便把希望寄托在孩子身上，希望孩子能够实现这些愿望。我们来看看下面这位母亲曾经是怎么教育孩子的：

我曾经是一名芭蕾舞表演者，获得过很多奖项，但就在我20岁那年，在表演的过程中，从舞台上摔了下来，自打那次之后，我再也不能跳舞了，为此，我哭过很多次。

生了女儿雅雅之后，我发现，我的理想并没有破灭，我可以培养我的女儿。但雅雅实在太不听话了，她似乎根本对这项艺术提不起兴趣来。

在她5岁的时候，我就为她买了很多芭蕾舞鞋。到她7岁的时候，我就带着她去见最好的芭蕾舞老师，然后为她报名，每周两次课，每次300元。但小家伙实在让我太失望了，她有着她爸爸的基因，7岁的她已经比其他女孩胖很多了，根本无法跳舞。

其实，雅雅在一开始就告诉我，她不喜欢跳舞，她喜欢画画，但我仍然一厢情愿地强迫孩子非学不可。半年过后，孩子仍然没有兴趣，也学无所成，我也没了热情。现在，我看着那些买来的芭蕾舞鞋，只能叹气。

有过这样经历的家长肯定不在少数。当孩子还小的时候，他们对我们的安排并没有反抗的意识。但长大后，他们有了自己的想法，我们曾经自以为强大的"权威"，会受到来自孩子的强烈挑战，严重地影响亲子关系。因此在教育孩子时，家长一定要考虑孩子真实的心理需求，不要因为"代偿心理"，将自己的意志强加在孩子身上。

其实家长有"代偿心理"也是可以理解的。谁不希望子女能替自己了却心中的夙愿呢？只是家长在教育时一定要方法得当。为此，我们必须调整自己的心态。

你要记住，孩子也是独立的个体，而不是我们的私有财产。即使你曾经的梦想没有实现，也不可把自己的愿望强加给孩子，而应该先征求孩子的意见，如果他愿意继承你的衣钵，那固然好，如果不愿意，也不可强迫孩子，孩子毕竟是一个独立的人，让孩子选择自己的兴趣爱好，能培养孩子独立自主的能力。

再者，孩子也需要自己的空间。

教育孩子时，涉及原则的问题一定要坚持不让步，但其他小事没必要太较真。给孩子足够的空间，孩子会做得更好。

作为家长，在曾经的人生中，必然存在一些遗憾，但孩子并不是你的私有财产，你的梦想他没有义务为你实现。只有放手让孩子自己做主，他们才能获得人生的经验。所以，在你确定孩子可以承担时，给孩子一些决定权，让他尝试按照自己的想法去做。总之，只有给孩子信心，给孩子机会，孩子才会越来越优秀。

第 11 章

面对特殊问题,父母如何跟孩子沟通

我们经常看到一些儿童在成长中出现各种问题,如追星、网瘾、离家出走……说到底,这都是孩子在成长过程中出现的一些心理偏差导致的。父母要通过孩子表面的行为去分析其背后的心理,要了解孩子成长的特点和心理特征,只有这样,才能从根本上疏导孩子在成长中遇到的问题,才能引导孩子健康地成长!

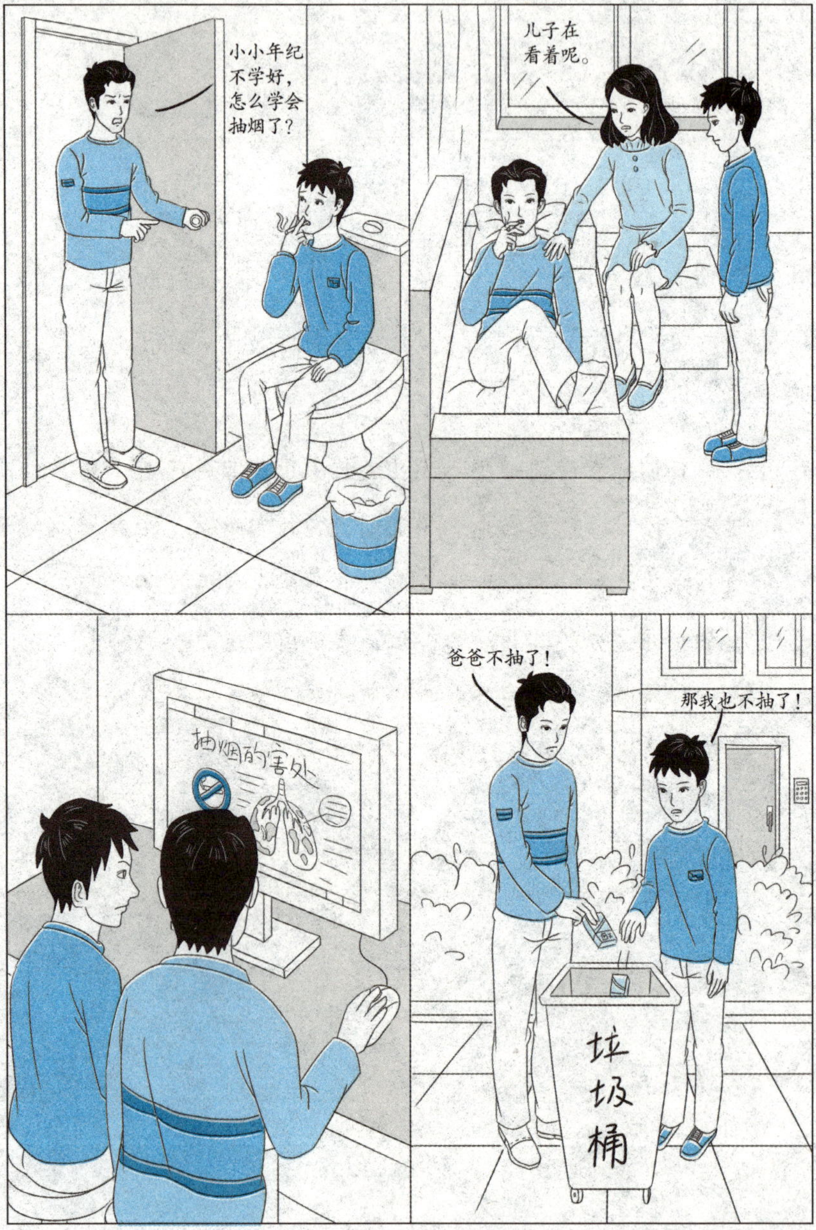
小小年纪
不学好，
怎么学会
抽烟了？
儿子在
看着呢。
抽烟的害处
爸爸不抽了！
那我也不抽了！
垃圾桶

第 11 章 面对特殊问题，父母如何跟孩子沟通

父母离异，孩子怎么办

阳阳是个很可爱的孩子，他原本生活在一个衣食无忧的家庭里，他的爸爸是一家公司的高管，母亲是家庭主妇，但就在他7岁的时候，命运和他开了个玩笑——他的爸爸妈妈离婚了。阳阳由其母亲独自抚养。妈妈把全部希望都寄托在阳阳身上，要他好好读书，日后成为一个有作为的人。

虽然妈妈对阳阳寄托了很大的希望，自己省吃俭用供阳阳读书，但是阳阳的成绩总是很差。妈妈想尽一切办法帮助阳阳，可还是不见起色。后来经过观察，妈妈发现阳阳成绩差跟自己的家庭氛围有关。妈妈性格内向，离异，还要承受生活的压力，所以总是愁眉不展，家里总是笼罩着一层沉重的气氛。阳阳的爸爸也偶尔会来看望阳阳，但和妈妈说不到三句话就会吵架。在学校的时候，阳阳总感觉周围的人都在嘲笑他，久而久之，阳阳的心灵也蒙上了阴影，阳阳也有了沉重的心事。

对于任何一个成长期的孩子来说，他们都希望有一个完整、和谐的家庭，父母相亲相爱，在这样的环境下成长，他们才会真正快乐，父母关系破裂、离婚对于心智尚未成熟的孩子

来说，确实是一个不小的打击。但父母也有追求幸福的权利，所以，一些父母会产生疑问：难道要为了孩子选择维持名存实亡的婚姻吗？当然不完全是，对于尚能挽救的婚姻，父母要努力经营，但如果到了非要离婚的地步，就要多为孩子考虑，尽量把即将带给孩子的伤害减到最小。

为此，儿童心理学专家建议：

1.在孩子面前要表现得宽容，让孩子知道即使父母离婚了也会继续爱他

父母离婚，无论是什么原因，都不要在孩子面前互相抱怨或者攻击对方，让孩子认为你们之间存在仇恨。父母矛盾不断，只会让孩子感到矛盾，不知道谁是对的，谁是错的，最终会出现情感和行为分裂，使其人格成长受到影响。严重的会导致心理问题，乃至心理障碍和心理疾病。所以，即便父母发生婚变，在孩子面前也一定要表现得宽容。

2.对于孩子的教育问题，父母要共同协商

（1）经济方面：孩子要接受教育和培养，就要有物质上的付出，对于这一问题，父母有不可推卸责任，也不可觉得亏欠孩子就溺爱他，这样只会有损于孩子的成长。

（2）孩子成长中的重要事件：对于孩子成长中的诸多事宜，如什么时候读幼儿园、小学去哪里读、孩子学习成绩差要不要请家教、大学要读什么专业、以后出不出国等问题，最好都由父母共同协商。

3.孩子在学校的活动,父母要经常参加

孩子的学校生活中少不了一些公共活动,如家长会、运动会,在家长看来,这可能是无关紧要的小日子,但却是孩子成长过程中的大事,对于这样一些时刻,父母最好都在场,而对于孩子的生日,父母更要与孩子一起庆祝,这样,你的孩子就会明白,父母离异是他们自己的事情,他并没有因此失去父母,要告诉孩子爸爸妈妈都很爱他,也要让孩子学会用语言表达自己的情感。

4.了解孩子的精神需求

抚养孩子,并不是只给孩子吃饭、穿衣即可,父母尤其要对孩子的精神层面的需求给予充分满足;一定要抽时间陪伴孩子,哪怕只是陪着他玩耍(这一点没有离异的家长也经常忽略)。

5.离异的父母要充实自己的生活

离异的父母如果不打算再婚,最好要有自己的工作或者其他兴趣爱好,也可以找一个伴侣,这样,你才不会因为空虚而把所有精力放到孩子身上,以至于给孩子造成太大的心理负担。也有一些父母认为不找伴侣是对孩子好,其实不然。一个情感生活不快乐的人很难保持自我身心的平衡,难免将自己的不快乐情绪转嫁给孩子,反而不利于孩子的健康成长。

当然,要做到以上几点,对于父母来说是对他们的综合素质的考验,必须有足够的耐心,以及很好的人际关系处理能力。当然,不少人正是因为缺乏这一能力,才无法经营好自己

的婚姻。如果一些父母认为自己无法处理离异后对孩子的教育问题的话，可以咨询专业人士，获得他们的帮助。只有让自己尽快恢复正常生活，才有足够的能力不让孩子承受父母离异的痛苦。只有快乐的人，才能培养出身心健康的孩子。

孩子为什么会离家出走

曾经有一篇报道讲述了一个11岁的女孩离家出走的经历。

女孩名叫小菲，刚上六年级。小菲和大多数生活在幸福中的孩子一样，被父母疼爱，在她的家里，父母关系很好，小菲还有个弟弟，但父母并没有减少对她的爱。"所有同龄人拥有的电脑、手机、MP4……我们一样都不会给她落下。"

"但不知为什么，从上学期开始，她似乎一下子就变了，开始不间断地离家出走。开始时，只是晚上不回家住，也不通知我们。第二天，我们不得不追问时，她才说头天晚上在朋友家玩得太晚就直接住朋友家了。但这种情况发生频率却越来越高。有一次，她竟然整整4天没有回家，我们也完全联系不上她。我们找遍了所有她可能去的地方，问遍了她所有要好的朋友，都没找到她。"

对于女儿的这种情况，小菲的父母很着急，他们也曾想过报警，但是小菲在出走之前就狠狠地警告过他们，不要报警，否则后果自负。

每次小菲离开家,她的妈妈就彻夜不眠,生怕女儿在外面出了什么事。有时候,难得小菲回来一次,她又害怕女儿继续出走。"平常一个电话都能把我们吓得冷汗直出。"小菲的妈妈说,只要电话声响起,他们就害怕,怕是小菲出事的消息。

直到现在,小菲的父母都不明白,11岁本是一个无忧的年纪,11岁的孩子理应在学校和家庭的关怀下成长。然而小菲却执意要过漂泊的生活。而复杂的社会,将会把小菲变成什么样子?更让他们担心的是,也许哪一次的任性出走,就变成了她与父母的永别。

小菲的事件并不是个例,对于孩子离家出走的问题,专家称:孩子有问题父母难辞其咎。近年来,孩子离家出走的事件时有发生,这给作为父母的我们带来了不小的困扰。令我们不明白的是,为什么孩子会出走呢?

随着孩子年纪的增长,他们的学习压力越来越大,孩子们会为自己订立各种学习目标,而一旦没有实现这一目标,他们便感到气馁甚至想逃避。

当然,这种压力更多来自家庭,家长的目标太高,孩子的考试成绩达不到要求,家长就给孩子施加压力,孩子就会感到恐惧,希望一走了之。

另外,如今的孩子可以通过各种信息渠道接受很多信息,一部分人经受不住诱惑就会对读书不感兴趣,而热衷于读书以外的东西,像早恋或者迷恋于网吧,进而发展到离家出走"实现理想"。

对于家庭来说，每一个出走孩子的父母，哪一个不是经历着山崩地裂般的灾难？有举着孩子的照片一个城市一个城市寻找的，有因找不到孩子而精神失常的，有为了孩子的出走相互责怪而导致家庭离异的，还有为了找孩子而债台高筑的……那么，作为家长又该怎么做呢？

1. 关注孩子的成长，尤其是孩子的心理变化

父母应经常注意孩子的心理变化和需求。如果你的孩子犯了错误，要善于引导他们，要指出问题的严重性，提出解决的办法，使之自觉改正错误。而不应该横加指责，否则，长此以往，孩子就会因为逃避惩罚而离家出走。

2. 不要过多地干涉孩子，否则只会适得其反

专家建议，家庭教育对孩子的影响相当大，孩子的第一任老师是父母，不少孩子离家出走是由于与父母缺乏沟通。因此，父母在平时要加强与孩子的交流，不要强迫孩子去做一些事，给孩子自由成长创造空间。比如，如果你的孩子不喜欢弹钢琴，那么，你就应该尊重孩子的想法。另外，对于孩子的学业，我们也不应该过多干预，孩子已经开始认识到学习的重要性，整天唠叨与叮嘱反而会让孩子反感。

3. 帮助孩子增长见识，使其正视社会诱惑

我们可以让孩子经历一些挫折和磨难教育，让孩子吃一些苦。家里的家务，孩子能做得到的，也应让孩子去做。

根据孩子的年龄主动让他们到社会去闯，做错事的时候可

能不少，家长要抓住这一机会指点孩子，并继续让孩子去做，错了再指点，直到圆满完成。这有利于培养孩子的勇气、自信心、责任感，使孩子健康成长。可以说，只要孩子意志坚强，离家出走的事是不会发生的。

4.真诚接纳归家的孩子

如果孩子离家出走，但又自己回来了，那么，家长一定要好好与其沟通，并安慰在外受苦的孩子，让孩子感受到家庭的温暖，把矛盾缓和了，问题也就解决了。事实上，有些家长对回来的孩子恶语相向，甚至打骂，让孩子再次选择离家出走。对此，专家建议，"父母的恰当做法是，为孩子提供一个安定、和谐、温馨的家庭氛围，先让孩子一颗纷乱的心安定下来，再慢慢地讲清道理，让孩子从'出走'的失误中懂得人生。"

抽烟，父母怎么与之沟通

杨先生的儿子亮亮，已经11岁，五年级，但学会了抽烟。

"我第一次发现他抽烟是半年前的事了，那天，我发现，我放在客厅的茶几上一包烟，还没抽几根，就没有了。后来，我在亮亮的房间发现了烟头，才知道这小子居然偷偷开始抽烟了。再后来，我给他的零花钱，他总说不够花。那天，我下班很早，就顺便去他学校接他放学，却看到他跟自己同学在操场墙角处抽烟，我当时真是气不打一处来，便当场把他带回家，好好教训了一番，可是我还没说几句，他就反过来教训我：'你要是能把烟戒了，我也戒。'"

的确，不少孩子，主要是男孩，会把抽烟当作成熟的一种标志。在抽烟的时候，他们觉得自己就如同大人一样，觉得很潇洒，但时间一长，便染上烟瘾。处于身体成长期的他们，身体发育尚未成熟，过早地抽烟，对身体发育有害无益，也严重地影响他们的学习进步，应该及时教育纠正。很多父母都意识到这一问题，但往往屡禁不止，着实伤神。

其实，孩子抽烟，是有一定原因的，主要有以下几种。

1.好奇型

在家里，许多家长茶余饭后往往朝沙发上一躺，点上一支香烟，吞云吐雾的，还美其名曰："饭后一支烟，赛过活神仙。"在社会上，待人接物，走亲访友等社会活动，无一不是烟搭桥。在学校，有的教师一下课就点上一支香烟。这一切，都强烈地吸引着涉世未深的孩子，使他们产生了想尝试一下的欲望，于是就开始尝试着吸烟。

2.欣赏型

成长期的孩子模仿能力极强，对电视、电影中的明星盲目崇拜，觉得他们吸烟很神气，有风度，有气质。对于爱追星的男孩而言，抽烟也就见怪不怪了。

3.时尚型

在男孩眼里，吸烟已经成为一种讲排场、显示身份的时尚，有的孩子甚至因为完全没有抽过烟，而被同学嘲笑跟不上时代的发展，缺少男子汉气概等。有的孩子本来不喜欢抽烟，但由于看到身边的小伙伴都在吸烟，固有的从众心理、不平衡心理使他们不自觉地加入抽烟一族。

4.消遣型

一些男孩因厌学、父母离异、受到挫折、无聊等诸多原因，整天沉溺在吞云吐雾的日子里，想借此来缓解内心的痛苦。这类孩子后来大多成了"瘾君子"。寝室、厕所、旮旯处就成了他们抽烟的好处所。

生活中，有不少家长对待这种已经有不良行为的孩子，只是一味地打骂、暴力解决，根本没有去了解孩子为什么吸烟，没有分析孩子的烟瘾是如何形成的，或者只是睁一只眼闭一只眼，正是这种不良的态度使孩子烟不离手。所以，家长要做好让孩子远离香烟的关键一环，不要对他们放任自流，也不要暴力解决，而要将严加管理与正确引导相结合，在孩子还没养成烟瘾之前，将他们从"烟井"旁拉回。

那么，我们该怎样帮助孩子改正吸烟的坏习惯呢？

1.让孩子对吸烟产生一种厌恶感

采取一定的措施，如为孩子放映吸烟死于肺癌的电影，或其他现身说法的教育。或提醒法，或正面法，根据当时的情形来选择具体的方法。让他们看后、听后确实感到害怕、感到吸烟的危害性，从而厌恶吸烟。

2.价值改变

许多男孩吸烟是为了自我显示，表示自己具有真正男子汉的成熟形象，很有风度。因此，应改变男孩与吸烟有关的价值观念，使吸烟的男孩感到吸烟有损学生的纯真形象，吸烟只能让他人产生恶感，吸烟是不良品行的表现，这样，他们就会在新的价值观念的支配下，有效地做到不再吸烟。

3.切断消极影响源

一部分孩子是在同学或同伴的吸烟行为的影响下，逐步学会吸烟的。实际上，同学或同伴的吸烟行为成了一种强化吸烟的因素。采取割断消极影响源的措施，在一定时期内不让他们与吸烟的同学或同伴接触，实质上是让他们不再有复发吸烟行为的机会。经过一段时间的巩固以后，他们已有一定的分辨力和抵制力，便不易再受别人吸烟行为的影响。

4.消除吸烟有益的错误观念

有的孩子认为吸烟可以提神、消除疲劳、激发灵感，这是毫无科学根据的。实验证明吸烟百害而无一益，家长应该告诉孩子吸烟对自己身心健康的严重危害及成才的巨大影响，让他明白吸烟就是在自杀。

5.帮助孩子将精力集中在学习上，这是纠正吸烟坏习惯的治本措施

大量事实表明，孩子开始染上吸烟行为时，也正是失去学习兴趣之时。绝大多数吸烟的孩子都是学习不好的学生。为此，家长要引导孩子走上正道，经常过问和辅导他们的学习，随时鼓励孩子学习上的每一点进步，使孩子将主要精力和活动时间用在学习上。这将有助于他们戒掉吸烟恶习。

参考文献

[1]朱美霖. 与孩子沟通就这么简单[M]. 北京：经济管理出版社，2015.

[2]于薇. 不唠叨让孩子听话的诀窍[M]. 北京：经济科学出版社，2013.

[3]李群锋. 儿童沟通心理学[M]. 苏州：古吴轩出版社，2017.

[4]华海晏. 和孩子沟通，有爱还不够[M]. 南宁：广西科学技术出版社，2017.